华中科技大学出版社
中国·武汉

技工院校"十四五"规划室内设计专业系列教材
中等职业技术学校"十四五"规划艺术设计专业系列教材

# 室内软装饰设计

文健 林秀琼 张夏欣 梁露茜 主编
周亚蓝 麦绮文 张文倩 余琛 副主编

华中科技大学出版社
http://www.hustp.com
中国·武汉

# 内容简介

本书从室内软装饰设计的基本概念、风格和要素入手，重点讲解了室内家具、灯饰、布艺和陈设品的设计与搭配方式，并通过居住空间室内软装饰设计训练和商业空间室内软装饰设计赏析两个载体，全面、细致地描述了室内软装饰设计的方法和技巧。本书内容翔实，图文并茂，深入浅出，具有较强的直观性。同时，本书还注重与室内设计专业应用实践相结合，提供了大量真实的设计案例，提升了本书的实用价值。本书可作为技师学院、高级技工学校和中职中专类职业院校室内设计专业的教材，还可以作为行业爱好者的自学参考书。

图书在版编目（CIP）数据

室内软装饰设计 / 文健等主编 . 一 武汉：华中科技大学出版社，2021.6
ISBN 978-7-5680-7201-4

Ⅰ . ①室… Ⅱ . ①文… Ⅲ . ①室内装饰设计 Ⅳ . ① TU238

中国版本图书馆 CIP 数据核字 (2021) 第 105762 号

# 室内软装饰设计
Shinei Ruanzhuangshi Sheji

文健　林秀琼　张夏欣　梁露茜　主编

策划编辑：金　紫
责任编辑：梁　任
装帧设计：金　金
责任监印：朱　玢
出版发行：华中科技大学出版社（中国·武汉）　　　电　　话：（027）81321913
　　　　　武汉市东湖新技术开发区华工科技园　　　　邮　　编：430223
录　　排：天津清格印象文化传播有限公司
印　　刷：湖北新华印务有限公司
开　　本：889mm×1194mm　1/16
印　　张：9
字　　数：275 千字
版　　次：2021 年 6 月第 1 版第 1 次印刷
定　　价：58.00 元

# 技工院校"十四五"规划室内设计专业系列教材
## 中等职业技术学校"十四五"规划艺术设计专业系列教材
### 编写委员会名单

### ● 编写委员会主任委员

文健（广州城建职业学院科研副院长）

王博（广州市工贸技师学院文化创意产业系室内设计教研组组长）

罗菊平（佛山市技师学院设计系副主任）

叶晓燕（广东省交通城建技师学院艺术设计系主任）

宋雄（广州市工贸技师学院文化创意产业系副主任）

谢芳（广东省理工职业技术学校室内设计教研室主任）

吴宗建（广东省集美设计工程有限公司山田组设计总监）

刘洪麟（广州大学建筑设计研究院设计总监）

曹建光（广东建安居集团有限公司总经理）

汪志科（佛山市拓维室内设计有限公司总经理）

### ● 编委会委员

张宪梁、陈淑迎、姚婷、李程鹏、阮健生、肖龙川、陈杰明、廖家佑、陈升远、徐君永、苏俊毅、邹静、孙佳、何超红、陈嘉銮、钟燕、朱江、范婕、张淏、孙程、陈阳锦、吕春兰、唐楚柔、高飞、宁少华、麦绮文、赖映华、陈雅婧、陈华勇、李儒慧、阚俊莹、吴静纯、黄雨佳、李洁如、郑晓燕、邢学敏、林颖、区静、任增凯、张琮、陆妍君、莫家娉、叶志鹏、邓子云、魏燕、葛巧玲、刘锐、林秀琼、陶德平、梁均洪、曾小慧、沈嘉彦、李天新、潘启丽、冯晶、马定华、周丽娟、黄艳、张夏欣、赵崇斌、邓燕红、李魏巍、梁露茜、刘莉萍、熊浩、练丽红、康弘玉、李芹、张煜、李佑广、周亚蓝、刘彩霞、蔡建华、张嬿、张文倩、李盈、安怡、柳芳、张玉强、夏立娟、周晟恺、林挺、王明觉、杨逸卿、罗芬、张来涛、吴婷、邓伟鹏、胡彬、吴海强、黄国燕、欧浩娟、杨丹青、黄华兰、胡建新、王剑锋、廖玉云、程功、杨理琪、叶紫、余巧倩、李文俊、孙靖诗、杨希文、梁少玲、郑一文、李中一、张锐鹏、刘珊珊、王奕琳、靳欢欢、梁晶晶、刘晓红、陈书强、张劼、罗茗铭、曾蔷、刘珊、赵海、孙明媚、刘立明、周子渲、朱苑玲、周欣、杨安进、吴世辉、朱海英、薛家慧、李玉冰、罗敏熙、原浩麟、何颖文、陈望望、方剑慧、梁杏欢、陈承、黄雪晴、罗活活、尹伟荣、冯建瑜、陈明、周波兰、李斯婷、石树勇、尹庆

### ● 总主编

文健，教授，高级工艺美术师，国家一级建筑装饰设计师。全国优秀教师，2008年、2009年和2010年连续三年获评广东省技术能手。2015年被广东省人力资源和社会保障厅认定为首批广东省室内设计技能大师，2019年被广东省教育厅认定为建筑装饰设计技能大师。中山大学客座教授，华南理工大学客座教授，广州大学建筑设计研究院室内设计研究中心客座教授。出版艺术设计类专业教材120种，拥有自主知识产权的专利技术130项。主持省级品牌专业建设、省级实训基地建设、省级教学团队建设3项。主持100余项室内设计项目的设计、预算和施工，内容涵盖高端住宅空间、办公空间、餐饮空间、酒店、娱乐会所、教育培训机构等，获得国家级和省级室内设计一等奖5项。

## ● 合作编写单位

**（1）合作编写院校**

| | |
|---|---|
| 广州市工贸技师学院 | 东莞实验技工学校 |
| 佛山市技师学院 | 广东省粤东技师学院 |
| 广东省交通城建技师学院 | 珠海市技师学院 |
| 广东省理工职业技术学校 | 广东省工业高级技工学校 |
| 台山敬修职业技术学校 | 广东省工商高级技工学校 |
| 广州市轻工技师学院 | 广东江南理工高级技工学校 |
| 广东省华立技师学院 | 广东羊城技工学校 |
| 广东花城工商高级技工学校 | 广州市从化区高级技工学校 |
| 广东省技师学院 | 广州造船厂技工学校 |
| 广州城建技工学校 | 海南省技师学院 |
| 广东岭南现代技师学院 | 贵州省电子信息技师学院 |
| 广东省国防科技技师学院 | |
| 广东省岭南工商第一技师学院 | |
| 广东省台山市技工学校 | |
| 茂名市交通高级技工学校 | |
| 阳江技师学院 | |
| 河源技师学院 | |
| 惠州市技师学院 | |
| 广东省交通运输技师学院 | |
| 梅州市技师学院 | |
| 中山市技师学院 | |
| 肇庆市技师学院 | |
| 江门市新会技师学院 | |
| 东莞市技师学院 | |
| 江门市技师学院 | |
| 清远市技师学院 | |
| 山东技师学院 | |
| 广东省电子信息高级技工学校 | |

**（2）合作编写组织**

广东省集美设计工程有限公司
广东省集美设计工程有限公司山田组
广州大学建筑设计研究院
中国建筑第二工程局有限公司广州分公司
中铁一局集团有限公司广州分公司
广东华坤建设集团有限公司
广东翔顺集团有限公司
广东建安居集团有限公司
广东省美术设计装修工程有限公司
深圳市卓艺装饰设计工程有限公司
深圳市深装总装饰工程工业有限公司
深圳市名雕装饰股份有限公司
深圳市洪涛装饰股份有限公司
广州华浔品味装饰工程有限公司
广州浩弘装饰工程有限公司
广州大辰装饰工程有限公司
广州市铂域建筑设计有限公司
佛山市室内设计协会
佛山市拓维室内设计有限公司
佛山市星艺装饰设计有限公司
佛山市三星装饰设计工程有限公司
广州瀚华建筑设计有限公司
广东岸芷汀兰装饰工程有限公司
广州翰思建筑装饰有限公司
广州市玉尔轩室内设计有限公司
武汉半月景观设计公司
惊喜（广州）设计有限公司

# 序言

　　技工教育是中国职业技术教育的重要组成部分，主要承担培养高技能产业工人和技术工人的任务。随着"中国制造 2025"战略的逐步实施，建设一支高素质的技能人才队伍是实现规划目标的必备条件。如今，技工院校的办学水平和办学条件已经得到很大的改善，进一步提高技工院校的教育、教学水平，提升技工院校学生的职业技能和就业率，弘扬和培育工匠精神，打造技工教育的特色，已成为技工院校的共识。而技工院校高水平专业教材建设无疑是技工教育特色发展的重要抓手。

　　本套规划教材以国家职业标准为依据，以培养学生的综合职业能力为目标，以典型工作任务为载体，以学生为中心，根据典型工作任务和工作过程设计教材的项目和学习任务。同时，按照职业标准和学生自主学习的要求进行教材内容的设计，结合理论教学与实践教学，实现能力培养与工作岗位对接。

　　本套规划教材的特色在于，在编写体例上与技工院校倡导的"教学设计项目化、任务化，课程设计教、学、做一体化，工作任务典型化，知识和技能要求具体化"紧密结合，体现任务引领实践的课程设计思想，以典型工作任务和职业活动为主线设计教材结构，以职业能力培养为核心，将理论教学与技能操作相融合作为课程设计的抓手。本套规划教材在理论讲解环节做到简洁实用，深入浅出；在实践操作训练环节体现以学生为主体的特点，创设工作情境，强化教学互动，让实训的方式、方法和步骤清晰明确，可操作性强，并能激发学生的学习兴趣，促进学生主动学习。

　　为了打造一流品质，本套规划教材组织了全国 40 余所技工院校共 100 余名一线骨干教师和室内设计企业的设计师（工程师）参与编写。校企双方的编写团队紧密合作，取长补短，建言献策，让本套规划教材更加贴近专业岗位的技能需求和技工教育的教学实际，也让本套规划教材的质量得到了充分保证。衷心希望本套规划教材能够为我国技工教育的改革与发展贡献力量。

技工院校"十四五"规划室内设计专业系列教材

中等职业技术学校"十四五"规划艺术设计专业系列教材

总主编

教授 / 高级技师　文健

2020 年 6 月

# 前言

　　室内软装饰设计是指在室内硬装修完毕之后，利用易更换、易变动位置的饰物与家具，如窗帘、地毯、靠垫、台布、装饰工艺品、灯饰、沙发、座椅、餐具等，对室内空间进行二次陈设与装饰的设计形式。软装饰设计更能体现出空间使用者的品位和审美修养，是营造室内空间氛围的重点。软装饰设计的核心是将家具、灯饰、陈设品、布艺等进行重新组合和搭配，并赋予其主题与内涵，极大地丰富了空间的美感和艺术感，满足了人们对于空间的个性化需求。

　　如今，在室内设计领域有一句非常流行的话，即"重装饰，轻装修"，这句话是针对室内整体的装饰效果而言的，意思是说室内软装饰设计更加重要，对装饰效果起着决定性作用，必须非常重视，而硬装修则可以放在相对次要的位置。这种观点从侧面肯定了软装饰设计在室内设计领域的重要性。

　　室内软装饰设计是室内设计专业的一门必修主干课程。这门课程对于提高学生的室内设计水平起着至关重要的作用。本书理论讲解简洁实用，深入浅出；实践操作训练则以学生为主体，强化教学互动，适合技工院校和中等职业技术学校学生练习，并能激发学生的学习兴趣，调动学生的学习积极性。

　　本书项目一的学习任务一由广州城建职业学院文健编写，项目一的学习任务二和学习任务三由山东技师学院张文倩编写，项目二由梅州市技师学院张夏欣编写，项目三由广州市纺织服装职业学校梁露茜编写，项目四由佛山市技师学院麦绮文编写，项目五由广东省技师学院林秀琼编写，项目六由河源技师学院周亚蓝编写，项目七由广州市工贸技师学院余琛编写，在此表示衷心的感谢。由于编者的学术水平有限，本书可能存在一些不足之处，敬请读者批评指正。

文健

2021.3 月

# 课时安排（建议课时 56）

| 项目 | 课程内容 | 课时 | |
|---|---|---|---|
| **项目一**<br>室内软装饰设计概述 | 学习任务一 室内软装饰设计基础 | 4 | 12 |
| | 学习任务二 室内软装饰设计风格 | 4 | |
| | 学习任务三 室内软装饰设计要素 | 4 | |
| **项目二**<br>室内家具设计<br>与搭配训练 | 学习任务一 室内家具设计训练 | 4 | 8 |
| | 学习任务二 室内家具搭配案例分析 | 4 | |
| **项目三**<br>室内灯饰设计<br>与搭配训练 | 学习任务一 室内灯饰设计训练 | 4 | 8 |
| | 学习任务二 室内灯饰搭配案例分析 | 4 | |
| **项目四**<br>室内布艺设计<br>与搭配训练 | 学习任务一 室内布艺设计训练 | 4 | 8 |
| | 学习任务二 室内布艺搭配案例分析 | 4 | |
| **项目五**<br>室内陈设品设计<br>与搭配训练 | 学习任务一 室内陈设品设计训练 | 4 | 8 |
| | 学习任务二 室内陈设品搭配案例分析 | 4 | |
| **项目六**<br>居住空间室内软装饰<br>设计训练 | 学习任务一 居住空间室内软装饰设计要点 | 4 | 8 |
| | 学习任务二 居住空间室内软装饰设计案例分析 | 4 | |
| **项目七**<br>商业空间室内软装饰<br>设计案例赏析 | | 4 | 4 |

# 目　录

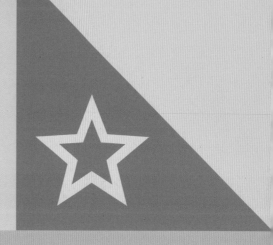

# 项目一
# 室内软装饰设计概述

学习任务一 室内软装饰设计基础
学习任务二 室内软装饰设计风格
学习任务三 室内软装饰设计要素

学习任务 一

# 室内软装饰设计基础

## 教学目标

（1）专业能力：了解室内软装饰设计的基本概念和分类，掌握室内软装饰设计的流程。

（2）社会能力：培养学生严谨、细致的学习习惯，提升学生团队合作的能力。

（3）方法能力：培养学生设计思维能力和设计创新能力。

## 学习目标

（1）知识目标：了解室内软装饰设计的基本概念。

（2）技能目标：掌握室内软装饰设计的流程。

（3）素质目标：培养严谨、细致的学习习惯，提高个人审美能力和设计创新能力。

## 教学建议

### 1. 教师活动

教师通过分析和讲解室内软装饰设计的基本概念、分类和设计流程，培养学生的设计实践能力。

### 2. 学生活动

（1）认真领会和学习室内软装饰设计的基本概念和设计流程。

（2）能对室内软装饰设计案例进行创新性的分析与鉴赏。

# 一、学习问题导入

室内设计领域有一句非常流行的话，即"重装饰，轻装修"。这句话是针对室内整体的装饰效果而言的，意思是说室内软装饰设计更加重要，对装饰效果起着决定性作用，必须非常重视，而硬装修则可以放在相对次要的位置。这种观点从侧面肯定了软装饰设计在室内设计领域的重要性。

# 二、学习任务讲解

## 1. 室内软装饰设计的基本概念和特点

室内软装饰设计是指在室内硬装修完毕之后，利用易更换、易变动位置的饰物与家具，如窗帘、地毯、靠垫、台布、装饰工艺品、灯饰、沙发、座椅、餐具等，对室内空间进行二次陈设与装饰的设计形式。软装饰设计更能体现出空间使用者的品位和审美修养，是营造室内空间氛围的重点。软装饰设计的核心是将家具、灯饰、陈设品、布艺等进行重新组合和搭配，并赋予其主题与内涵，极大地丰富了空间的美感和艺术感，满足了人们对于空间的个性化需求。

室内软装饰设计是一门综合性学科，它所涉及的范围非常广泛，包括美学、光学、色彩学、哲学和心理学等。在具体设计时还应根据室内空间的大小、形状、使用性质、功能和美学需求来进行整体策划和布置。室内软装饰设计具有以下鲜明的特点。

（1）室内软装饰设计强调"以人为本"的设计宗旨。

室内软装饰设计的主要目的就是创造舒适美观的室内环境，满足人们多元化的物质和精神需求，确保人们在室内的安全和身心健康，综合处理人与环境、人际交往等多项关系。科学地了解人的生理特点、心理特点和视觉感受对室内软装饰设计来说是非常重要的。

（2）室内软装饰设计体现多元化的艺术诉求。

不同的历史时期和社会形态会使人们的价值观和审美观产生较大的差异，这对室内软装饰设计的发展也会起到积极的推动作用。新材料、新工艺的不断涌现和更新，为室内软装饰设计提供了无穷的设计素材和灵感。室内软装饰设计要配合人们不同时期的艺术审美诉求，以多元化的设计理念融合不同风格的精要，运用物质技术手段结合艺术美学，创造出具有表现力和感染力的室内空间形象，使室内设计更加为大众所认同和接受。

（3）室内软装饰设计是一门持续发展的学科。

室内软装饰设计的一个显著特点是：它对因时间的推移而引起的室内功能的改变显得特别突出和敏感。当今社会生活节奏日益加快，室内的功能也趋于复杂和多变，装饰材料、室内设备的更新换代不断加快，室内设计的"无形折旧"更趋明显，人们对室内环境的审美也随着时间的推移而不断改变。这就要求室内设计师必须时刻站在时代的前沿，创造出具有时代特色和文化内涵的室内空间。在倡导绿色设计、生态设计的大环境下，室内软装饰设计为室内设计师实现空间的美学转换提供了可能。

## 2. 室内软装饰设计的分类

按室内空间的使用功能，室内软装饰设计可分为家居空间软装饰设计和公共空间软装饰设计。

① 家居空间软装饰设计是指针对室内居住空间（如客厅、餐厅、卧室、书房等）进行的软装饰设计。它应根据空间的整体设计风格以及主人的生活习惯、兴趣爱好和经济情况，设计出符合主人个性、品位，且经济、实用的室内空间环境，如图1-1和图1-2所示。

图 1-1　家居空间软装饰设计 1

图 1-2　家居空间软装饰设计 2

② 公共空间软装饰设计是指针对室内公共空间（如酒店、会所、餐馆、办公室等）进行的软装饰设计。它应根据具体空间的整体设计风格和功能需求，设计出符合特定空间的使用性质，展现空间气度和氛围的室内空间环境，如图 1-3 所示。

室内软装饰设计按材料和工艺可分为室内家具设计、室内灯饰设计、室内布艺设计和室内陈设品设计。

① 家具是指在生活、工作和社会活动中供人们坐、卧、支撑和存储物品用的设备和器具。室内家具设计是指用图形（或模型）和文字说明等方法，表现家具的造型、功能、尺度、色彩、材料和结构的设计。

② 灯饰是指用于室内照明和装饰的灯具。室内灯饰设计是指对灯具的造型、色彩、材料和结构进行的设计。

③ 布艺是指以布为主料，经过艺术加工，达到一定的艺术效果，满足室内装饰要求的纺织品。室内布艺设计包括对窗帘、地毯、靠垫、台布等纺织物的色彩、样式和图案进行的选择与布置。

④ 陈设品是指用来美化和强化室内环境视觉效果的、具有观赏价值和文化意义的室内展示物品，包括室内工艺品、艺术品、挂画、餐具、茶具等。室内陈设品设计要注意体现民族文化和地方文化，还应注意与室内整体格调相协调。

室内家具设计、室内灯饰设计、室内布艺设计、室内陈设品设计都是室内软装饰设计的重要组成部分，它们的选择与布置对于室内环境的装饰效果起着重大的作用，如图 1-4 ～图 1-7 所示。

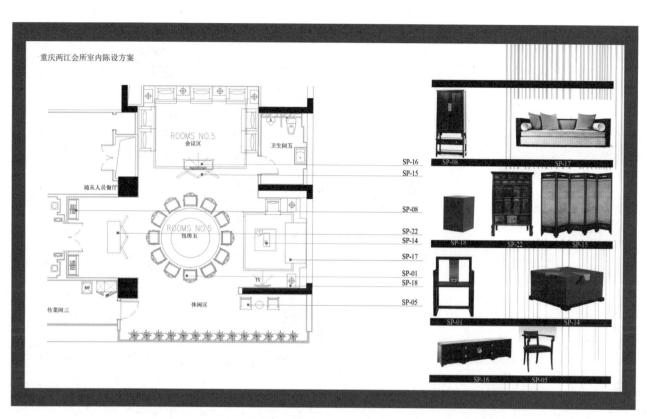

图 1-3 公共空间软装饰设计

图 1-4 室内软装饰设计搭配 1

图 1-5　室内软装饰设计搭配 2

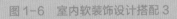

图 1-6　室内软装饰设计搭配 3　　　　　　　　图 1-7　室内软装饰设计搭配 4

### 3. 室内软装饰设计的流程

室内软装饰设计本质上是对室内装饰物品进行的有序组合，其设计流程如下。

（1）首次空间测量。

工具：尺子（5m)、相机。

工作流程：① 了解空间尺度、硬装基础；② 测量现场尺寸，并绘制出室内空间平面图和立面图；③ 现场拍照，记录室内空间的形态。

工作要点：测量时间应安排在硬装修完成后，在构思配饰产品时，应准确把握空间尺寸，按比例进行设计布置。

（2）生活方式探讨。

工作流程：就以下几个方面与客户沟通，努力捕捉客户深层次的需求。

① 空间流线和生活动线；

② 生活习惯；

③ 文化喜好和风格喜好；

④ 宗教禁忌。

（3）色彩元素探讨。

工作流程：详细观察和了解硬装现场的色彩关系及色调，对室内软装饰设计方案的色彩进行总体把控，主要协调好三大色彩关系，即背景色、主体色和点缀色。室内色彩关系务必做到既统一又有变化，并且符合客户的生活需求。

（4）风格元素探讨。

工作流程：与客户探讨室内软装饰的风格，明确风格定位，尽量通过室内软装饰的合理搭配弥补硬装修的缺陷。

（5）设计构思的初步确立和室内软装饰初步设计方案的制作。

工作流程：设计师综合以上环节并结合室内平面布置图，制作室内软装饰初步设计方案布局图，并初步选配家具、布艺、灯饰、饰品、画品、花品、日用品等，注意产品的比例关系（家具 60%，布艺 20%，其他 20%）。室内软装饰初步设计方案可以在色彩、风格、产品、款型被认可的前提下做两份报价，一份中档报价，一份高档报价，为客户提供选择的余地。

（6）二次空间测量。

工作流程：设计师带着室内软装饰初步设计方案布局图到现场反复考量室内软装饰的搭配情况，并对细部进行纠正，反复感受现场的合理性。

（7）签订室内软装饰设计合同。

工作流程：室内软装饰初步设计方案经客户确认后签订室内软装饰设计合同，并按一定比例收取设计费。

（8）配饰元素信息采集。

工作流程：① 选择家具，先进行品牌选择和市场考察，然后定制家具，要求供货商提供家具设计 CAD 图、产品列表和报价；② 选择布艺和灯饰，先进行产品考察，选择与室内设计风格相对应的产品，制作产品列表和报价表。

（9）方案讲解。

工作流程：将室内软装饰初步设计方案制作成 PPT 演示文稿，并详细、系统地介绍给客户。在介绍过程中不断反馈客户的意见，以便对方案作进一步修改。

（10）方案修改。

工作流程：在向客户讲解方案后，针对客户反馈的意见对方案进行修改。修改内容包括色彩调整、风格调整、配饰元素调整和价格调整。

（11）确定配饰产品。

工作流程：在与客户签订采购合同之前，应先与配饰产品厂商核定产品的价格及存货。

（12）购买产品。

工作流程：在与客户签订采购合同后，按照设计方案的排序进行配饰产品的采购与定制。一般情况下，应先确定并采购配饰项目中的家具（需 30 ~ 45 天），再确定并采购布艺和灯饰（需 10 天左右），其他配饰品如需定制也要考虑时间。

（13）进场安装摆放。

工作流程：作为室内设计师，对室内软装饰的布置和摆放能力非常重要。布置和摆放时一般按照家具、布艺、画品、饰品的顺序进行调整和摆放。每次产品到场，设计师都要亲自参与摆放。

室内软装饰设计提案如图 1-8 ~ 图 1-28 所示。

图 1-8　室内软装饰设计提案 1

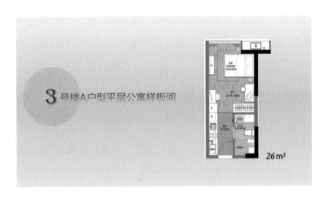

图 1-9　室内软装饰设计提案 2

图 1-10　室内软装饰设计提案 3

## 软装风格 IMAGES & DECORATION
亲近自然 · 返璞归真时尚风

图 1-11　室内软装饰设计提案 4

**RENDERING 效果图**

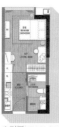

索引图 KEY PLAN

图 1-12　室内软装饰设计提案 5

**RENDERING 效果图**

索引图 KEY PLAN

图 1-13　室内软装饰设计提案 6

客厅/LIVING ROOM

图 1-14　室内软装饰设计提案 7

卧室/BEDROOM

图 1-15　室内软装饰设计提案 8

客厅/卧室/ LIVING ROOM /BEDROOM

图 1-16　室内软装饰设计提案 9

厨房/KITCHEN

图 1-17　室内软装饰设计提案 10

卫生间/ BATHROOM

图 1-18　室内软装饰设计提案 11

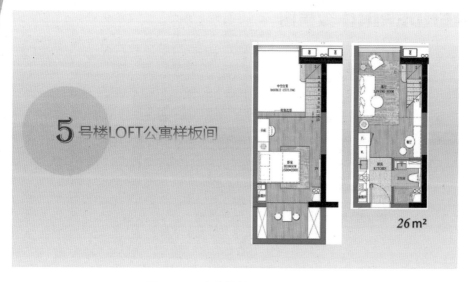

**5** 号楼LOFT公寓样板间

图 1-19　室内软装饰设计提案 12

# 双钥匙公寓上层户型

居住者:
**CUSTOMERS TARGET**
独立策展人

图 1-20　室内软装饰设计提案 13

## 软装风格 IMAGES & DECORATION
当代精神·都会时尚风

图 1-21　室内软装饰设计提案 14

## RENDERING 效果图

索引图KEY PLAN

图 1-22　室内软装饰设计提案 15

## RENDERING 效果图

索引图KEY PLAN

图 1-23　室内软装饰设计提案 16

## RENDERING 效果图

索引图KEY PLAN

图 1-24　室内软装饰设计提案 17

客厅/LIVING ROOM

图 1-25　室内软装饰设计提案 18

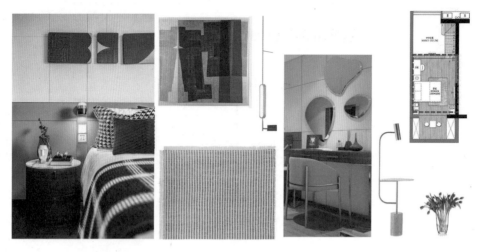

卧室/BEDROOM

图 1-26　室内软装饰设计提案 19

厨房/KITCHEN

图 1-27　室内软装饰设计提案 20

卫生间/ BATHROOM

图 1-28　室内软装饰设计提案 21

## 三、学习任务小结

通过本次课程的学习，同学们了解了室内软装饰设计的基本概念、特点、分类和设计流程。通过对室内软装饰设计案例的分析与讲解，以及优秀设计提案的展示与分享，同学们开拓了设计的视野，提升了对室内软装饰设计的深层次认识。课后，大家要多搜集相关的室内软装饰设计案例，形成资料库，为今后从事室内软装饰设计积累素材和经验。

## 四、课后作业

（1）每位同学搜集 10 张室内软装饰设计搭配图片，并制作成 PPT 进行展示。

（2）每位同学搜集 10 个完整的室内软装饰设计案例，形成自己的资料库。

学习任务

# 室内软装饰设计风格

## 教学目标

（1）专业能力：了解室内软装饰设计的主要风格及特点，掌握室内软装饰设计风格的特点和搭配的方法。

（2）社会能力：培养学生独立分析和解决问题的能力，以及总结反思能力。

（3）方法能力：培养学生搜集素材的能力、设计应用能力和设计创新能力。

## 学习目标

（1）知识目标：了解室内软装饰设计的主要风格。

（2）技能目标：掌握室内软装饰设计风格的特点和搭配方法。

（3）素质目标：具备一定的美学素养，具有较好的沟通、协调能力。

## 教学建议

### 1. 教师活动

（1）理论讲解与图片展示相结合，通过分析与讲解室内软装饰设计风格，让学生了解不同室内软装饰风格的特征和搭配技巧，引导学生独立分析设计风格的主要特征，提升学生的室内软装饰设计审美能力和应用能力。

（2）遵循以教师为主导、以学生为主体的原则，采用案例分析法、小组讨论法等教学方式，调动学生学习的主动性和积极性，鼓励学生探究室内软装饰设计风格形成的原因，提升学生的艺术修养。

### 2. 学生活动

（1）掌握室内软装饰设计的主要风格及特征。

（2）根据设计风格搜集和整理室内软装饰设计案例库。

（3）编辑不同风格的室内软装饰设计方案文本。

# 一、学习问题导入

在室内软装饰设计中，所有的装饰元素都有明显的规律性和时代性，我们把一个时代的装饰特点及规律性提炼出来就形成了风格。每一种装饰风格的形成都与地理位置、自然环境、民族特征、经济文化、宗教信仰、生活方式等有密切关系，并可通过界面的造型、材质和色彩搭配体现出来。

# 二、学习任务讲解

## 1. 室内软装饰设计风格的含义

风格即风度品格，它体现着设计创作中的艺术特色和个性。软装饰设计风格是指软装饰陈设所营造出来的特定的艺术特性和品格。它蕴含着人们对室内空间的使用要求和审美需求，展现着不同的历史文化内涵，影响着人们的生活方式和生活理念，越来越受到人们的关注。

## 2. 室内软装饰设计风格的分类

室内软装饰设计风格主要分为欧式风格、新中式风格、现代简约风格和自然主义风格四大类。

（1）欧式风格。

欧式风格主要包括欧式古典风格和欧式新古典风格。

欧式古典风格是以欧式古典建筑装饰设计为依托，追求华丽的装饰、高雅的古典造型和浓郁的色彩，以达到雍容华贵的装饰效果，其设计风格对欧洲建筑、家具、绘画、文学艺术产生了极其深远的影响。欧式古典风格按时代的发展规律可以分为拜占庭风格、罗马式风格、哥特式风格、文艺复兴风格、巴洛克风格、洛可可风格六种代表性风格。其中巴洛克风格和洛可可风格为欧式古典风格的典型代表。

欧式古典风格软装饰设计的代表性装饰式样与室内陈设如下。

① 装饰至上，大量使用曲线造型，空间上追求连续性，讲究对称式原则。

② 以明黄色、金色、咖啡色等暖色渲染空间氛围，金色系的空间传达出奢华、富贵的宫廷气息。

③ 地面材料以磨光大理石或者实木地板为主，装饰图案繁复、纹理清晰的石材拼花广泛应用于地面、墙面、台面的装饰。

④ 欧式古典家具体型厚重，椅背高大，富有装饰美感，雍容华贵。家具采用繁复、流畅的雕花，桌子两腿间望板多为鱼肚形，向下悬垂，椅脚为兽腿或三弯腿造型，家具局部细节做鎏金处理。以巴洛克风格时期和洛可可风格时期的古典家具为典型代表。

⑤ 软包背景墙、多重褶皱的罗马窗帘、精美纹样的装饰地毯。

⑥ 以富有西方风情的水晶吊灯为主体灯饰，镀金或铜质的壁灯营造对称式空间的美感。

⑦ 油画艺术源远流长，姿态优美、极具装饰效果的人物雕塑营造浓郁的艺术氛围。

⑧ 椭圆形、半球形、扇形等大体态的插花造型，用浓重艳丽的色彩营造出奢华格调。

欧式古典风格室内软装饰设计如图1-29和1-30所示。

图 1-29　欧式古典风格室内软装饰设计 1

图 1-30　欧式古典风格室内软装饰设计 2

欧式新古典风格源于 18 世纪中叶的新古典主义运动，一方面保留了古典风格材质、色彩的大致特征，可以强烈地感受到传统的历史痕迹与浑厚的文化底蕴，同时又摒弃了欧式古典风格过于复杂的肌理和装饰，简化了线条，革故鼎新，以简饰繁。欧式新古典风格更像一种多元化的思考方式，将怀旧的浪漫情怀与现代人的生活需求相结合，将古朴与时尚融为一体，营造出优雅、舒适和安逸的室内空间氛围。

欧式新古典风格软装饰设计的代表性装饰式样与室内陈设如下。

① 不再追求过于繁复的装饰纹理，在注重装饰效果的同时，用现代的手法和材质还原古典气质。

② 在色彩上以水蓝色、粉色、香槟色和暗红色为主色调，配以少量奶白色，使整体色彩看起来明亮、大方，表现出唯美浪漫、高雅奢华的空间效果。

③ 地面使用黑白棋盘 45°经典样式铺装和八角地砖等拼花大理石材。木地板采用几何拼花或直铺，辅以小面积局部装饰地毯。

④ 欧式新古典家具将古典的繁复雕饰进行简化，并与现代的材质相结合，呈现出古典而简约的新风貌。家具以丝织锦缎、绒布面料的软包法式家具和实木雕花的硬木英式家具为主要造型，贴金箔或银箔，椅腿多采用直线条。

⑤ 多以水晶、亮铜金属材质的水晶宫灯，蜡烛台式吊灯，盾牌式壁灯等暖色光源装饰空间。

⑥ 室内常用精致的瓷器、玻璃水晶制品、复古金属编框的相框和怀古的油画等。

欧式新古典风格室内软装饰设计如图 1-31 和图 1-32 所示。

（2）新中式风格。

图 1-31　欧式新古典风格室内软装饰设计 1

图 1-32　欧式新古典风格室内软装饰设计 2

新中式风格也被称为现代中式风格，是中国传统风格在当前时代背景下的演绎，是在对中国传统文化进行提炼和再造的基础上进行的当代设计。新中式风格将现代的材质、工艺和传统的美学元素结合在一起，以现代人的审美需求来打造富有传统韵味的空间，让传统艺术的脉络得以传承。

中国传统哲学思想和文化是中式风格的精神内涵。中国古人对室内环境的研究和追求无不体现着儒、释、道精神的思想内核，其中一些室内设计理念和如今流行的简约主义不谋而合。新中式风格在利用现代手法将传统中式结构、形式重新设计组合的同时，也充分传承了传统中式风格的精神内涵。

新中式风格软装饰设计的代表性装饰式样与室内陈设如下。

① 材料往往源于自然，如木材、石头，尤其是木材，从古至今是中式风格朴实无华的象征。

② 家具造型线条简练流畅，结构设计精巧，以明清家具为基础，用现代的材料制作而成，书卷气息浓厚。

③ 色彩以传统的红色、黄色、褐色和黑色为主，富有中国气息的青花蓝常作为点缀色，体现出内敛、含蓄、典雅的格调和氛围。

④ 在室内细部装饰方面，常用窗棂、格栅、砖雕、门礅等传统住宅中的建筑构件做局部的装饰。

⑤ 灯具材质以镂空或雕刻的木材、铜材为主，同时还配有玻璃、玉石、布艺等不同材质的灯罩，充分显示了新中式风格灯具的古朴和高雅。

⑥ 室内软装饰配饰常用青花瓷器、精美陶器、中式传统木雕窗花、中国传统字画、丝绸锦缎布艺以及具有一定含义的民间工艺品等。

新中式风格室内软装饰设计如图1-33和图1-34所示。

（3）现代简约风格。

图1-33 新中式风格室内软装饰设计1

现代简约主义也称功能主义，源于20世纪初期的西方现代主义，提倡突破传统，强调少即是多，舍弃不必要的装饰元素，讲究创新，重视功能和空间组织，注重发挥结构本身的形式美，崇尚合理的构成工艺；尊重材料的特性，不再局限于石材、木材、面砖等天然材料，而是将选择范围扩大到玻璃、塑胶、强化纤维等工业材质，讲究材料自身的质地和色彩的配置效果；强调设计与工业生产的联系，主张设计为大众服务，讲究个性和独特的品位。

图 1-34　新中式风格室内软装饰设计 2

现代简约风格软装饰设计的代表性装饰式样与室内陈设如下。

① 强调功能性设计，室内造型线条简约流畅，常用几何形体对家具和室内陈设进行组合，讲究造型比例的适度性，空间构图简洁、明快。

② 色彩运用大胆、鲜明，既可以选择极简色彩，如黑色、白色、灰色，展现现代风格的明快及理性，也可以使用强烈的对比色彩，突显空间的个性。

③ 家具造型简约，构成感强，常用仿生学的设计原理设计家具和陈设。

图 1-35　现代简约风格室内软装饰设计 1

④ 灯饰常采用金属、玻璃作为灯架，讲究个性化设计和线条的美感，除了照明功能外，更多的是装饰作用。

⑤ 室内陈设品造型简约、抽象，突出品位和时尚。

现代简约风格室内软装饰设计如图 1-35 和图 1-36 所示。

（4）自然主义风格。

自然主义风格强调地方特色和民俗风情，运用自然材料（如原木、石材、板岩、藤条等）来装饰空间、制作家具，给人以清新、休闲的感觉。自然主义风格的代表性风格主要有地中海风格、美式乡村风格和东南亚风格。

图 1-36　现代简约风格室内软装饰设计 2

① 地中海风格。地中海风格是海洋风格装饰的典型代表，因富有浓郁的地中海海洋风情和地域特征而得名。地中海风格在造型上常选择流畅的圆弧线，墙面内凹的拱门形和马蹄状的门窗是其常见造型。在材质上，常用带有自然肌理的白灰泥墙漆，配合自然的原木、藤条、天然石材、锻打铁艺、哑光瓷砖等，营造出古朴、雅致、自然的空间氛围和生活情趣。在色彩上，以蔚蓝色和白色为基调，辅以暖黄色的灯光，让空间表现出梦幻的色彩和浪漫的情怀。在软装饰品选择上，常用与海洋主题有关的各种装饰元素，如贝壳、海星、救生圈、帆船模型等，强化海洋主题。

地中海风格室内软装饰设计如图 1-37 所示。

图 1-37　地中海风格室内软装饰设计

② 美式乡村风格。美式乡村风格体现了美国人传统的生活方式，融合了欧洲不同时期风格的装饰元素，摒弃了烦琐和奢华，以舒适、悠闲为导向，强调回归自然的设计理念。常使用自然裁切的天然石材、斑驳的砖墙、粗犷的实木、厚重的铁艺、壁炉、棉麻布艺等元素，体现了美式乡村风格自由、原始、野性的特点。美式乡村风格的家具以胡桃木、桃木和枫木等深暖色系的硬木为主，保留木材原始的纹理和质感，刻意进行做旧和仿古处理，兼具古典主义的优美造型和新古典主义的功能配备，体积庞大，质地厚重，气派且实用。在配色上，怀旧、散发浓郁泥土芬芳的色彩是该风格的典型特征，常用棕色系和绿色系的装饰色彩。美式乡村风格的配饰十分多样，如铁艺饰品、瓷盘、仿古艺术品、繁复的花卉植物等，可以为室内增加一抹亮色。

美式乡村风格室内软装饰设计如图1-38所示。

图1-38 美式乡村风格室内软装饰设计

③ 东南亚风格。东南亚风格是一种结合了东南亚土著民族岛屿文化的设计风格，其崇尚自然，具有浓郁的异域风情。因为东南亚地处多雨的热带，所以常用硬质实木、藤条、竹子、石材等防潮、防腐蚀的材料。东南亚风格因其独特的地域环境和历史文化，融合吸收了不同国家的设计元素。在室内软装饰搭配上，常用深木色家具、金属色壁纸、图案丰富的丝绸布料、花草或佛像图案、大象饰品等装饰元素，让空间散发出自然、温馨的气息和悠悠的禅韵。

东南亚风格室内软装饰设计如图1-39所示。

图1-39 东南亚风格室内软装饰设计

## 三、学习任务小结

通过本次课程的学习，同学们了解了室内软装饰设计的主要风格，及其代表性的装饰式样和室内陈设。通过对室内软装饰设计主要风格的分析与讲解，同学们可以更好地理解不同风格的材质、色彩、造型和纹样等设计元素的搭配方式，开阔设计思路，丰富设计视野，提升对室内软装饰设计风格的深层次理解和认识。课后，大家要多搜集相关的室内软装饰设计风格的图片，形成资料库，理解风格的成因，为今后从事室内软装饰设计积累素材和经验。

## 四、课后作业

（1）每位同学搜集 20 张不同风格的室内软装饰设计图片，并制作成 PPT 进行展示。

（2）每位同学搜集 3 个完整的室内软装饰设计案例，形成自己的风格资料库。

学习任务 三

# 室内软装饰设计要素

## 教学目标

（1）专业能力：了解室内软装饰设计的要素，能利用室内软装饰设计要素进行合理设计。

（2）社会能力：培养学生严谨、细致的学习习惯，提升学生团队合作的能力。

（3）方法能力：培养学生设计思维能力和设计创新能力。

## 学习目标

（1）知识目标：了解室内软装饰设计的要素。

（2）技能目标：利用室内软装饰设计要素进行合理设计。

（3）素质目标：培养严谨、细致的学习习惯，提高个人审美能力和设计创新能力。

## 教学建议

**1. 教师活动**

教师通过分析和讲解室内软装饰设计的构成法则和美学原则，培养学生的设计实践能力。

**2. 学生活动**

（1）认真领会和学习室内软装饰设计的要素和构成法则。

（2）搜集室内空间中具有构成法则和美学原则的图片资料。

# 一、学习问题导入

在室内空间设计中，各界面的装饰实质上是用不同的材质、色彩、灯光、造型、陈设等去展示点、线、面的抽象平面构成艺术。室内软装饰设计也不是孤立存在的，而是通过一定的构成法则和美学原则，进行合理的组合，从而产生具有丰富视觉效果的设计。

# 二、学习任务讲解

室内软装饰设计要素是指室内软装饰陈设按照构成法则和美学原则进行合理的组合，创造出优美、舒适的空间环境的重要元素。室内软装饰设计的构成法则是指室内软装饰陈设按照点、线、面形式进行抽象组合和合理搭配的设计法则；室内软装饰设计的美学原则包括协调与对比、主从与焦点、过渡与呼应等。

## 1. 室内软装饰设计的构成法则

点、线、面在室内空间构成设计中是最为基本的视觉要素。室内软装饰陈设被抽象概括成点、线、面，并合理运用到空间造型与陈设搭配中，可以让室内空间表现出秩序感、节奏感和韵律感。

（1）点。

点有各种各样的形态，理想的点为圆点，具有强烈的聚焦作用。在室内空间设计中，点还具有大小、形状、色彩、肌理等造型元素，如一幅画、一盏灯、一个相框、一盆绿植、一个摆件等，都可以看作空间中的点。点在室内空间设计中有着较大的视觉吸引力，连续的点会形成线，而聚集的点会形成视觉中心。室内软装饰设计中点元素的运用如图 1-40 ~ 图 1-43 所示。

图 1-40　点元素的运用 1

图 1-41　点元素的运用 2

图 1-42　点元素的运用 3

图 1-43　点元素的运用 4

（2）线。

线是点移动的轨迹。在室内空间中，线段具有宽度、形状、色彩、肌理等造型元素，如竖向条纹的壁纸和地毯、极具装饰效果的石膏线、曲线造型的灯饰等。

通常我们把线划分为直线和曲线两大类别。直线包括水平线、垂直线和斜线，具有一种力的美感，展现出男性的理性、坚定的特征。在视觉体验上，水平线带给人稳定、舒缓、安静的感觉，使空间显得更开阔；垂直线给人向上、积极、挺拔的感觉，如果空间低矮可以使用垂直线，让空间有增高的伸展感；斜线则有强烈的方向感和运动感，会让空间有上升感和速度感。室内软装饰设计中直线元素的运用如图 1-44 ～图 1-46 所示。

图 1-44　直线元素的运用 1

图 1-45　直线元素的运用 2

图 1-46　直线元素的运用 3

图1-47　曲线元素的运用1

曲线是女性化的象征，具有丰满、感性、轻快、流动、柔和的感情性格，节奏感和韵律感强。曲线分为几何曲线和自由曲线，几何曲线有准确的节奏感，规律性强；自由曲线则具有变化和动感，更加自由轻快。室内软装饰设计中曲线元素的运用如图1-47～图1-49所示。

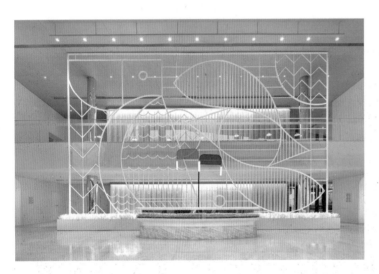

图1-48　曲线元素的运用2

图1-49　曲线元素的运用3

（3）面。

面是线移动的轨迹，是构成各种可视形态的基本形。直线展开形成平面，具有秩序安定、简洁整齐的视觉效果；曲线展开形成曲面，具有灵动活泼、优雅柔和的视觉效果。室内空间是由顶棚、地面和墙面三大界面组成的。这三大界面也是室内空间结构中最重要的面。室内软装饰设计中面元素的运用如图1-50～图1-52所示。

图1-50　面元素的运用1

图1-51　面元素的运用2

图1-52　面元素的运用3

## 2. 室内软装饰设计的美学原则

（1）协调与对比。

室内软装饰设计的协调原则是指室内软装饰的各要素在风格、造型、色彩和材质方面实现和谐统一，避免无序混搭。室内软装饰设计的对比原则是指把两个明显对立的元素（如大与小、曲与直、方与圆、黑与白、凹与凸、粗与细、虚与实）放置于同一界面或空间产生一种既对立又和谐的效果，包括形态对比、色彩对比、肌理对比等。室内软装饰设计应本着"大协调、小对比"的原则进行搭配。室内软装饰设计中协调与对比的运用如图1-53～图1-55所示。

图 1-53 协调与对比的运用 1

图 1-54 协调与对比的运用 2　　　　　图 1-55 协调与对比的运用 3

（2）主从与焦点。

在室内软装饰设计中，视觉焦点是极其重要的。简单来说，视觉焦点就是让人们的视线多停留几秒的视觉元素，可以是一面墙、一个柜子、一个摆件，也可以是简单的点、线、面等基础视觉元素。优秀的设计无论是简约还是炫酷的风格，都能明确地表示出主从关系，打造主次分明的层次美感。视觉焦点一般设置于具有强烈装饰趣味的界面上，既有审美价值，又能在空间上起到一定的视觉引导作用。室内软装饰设计中主从与焦点的运用如图 1-56 ～图 1-58 所示。

图 1-56　主从与焦点的运用 1　　　　　　　　　图 1-57　主从与焦点的运用 2

图 1-58　主从与焦点的运用 3

（3）过渡与呼应。

　　室内空间的硬装修与软装饰在色调和风格上要彼此协调。要让二者产生联系，就需要运用过渡手法，避免出现视觉的大起大落，从而引起心理的巨大变化。呼应就是元素之间相互对应、关联，属于均衡的形式美法则。室内软装饰设计中过渡与呼应的运用如图1-59～图1-61所示。

图1-59　过渡与呼应的运用1

图1-60　过渡与呼应的运用2

图1-61　过渡与呼应的运用3

## 三、学习任务小结

通过本次课程的学习，同学们了解了室内软装饰设计的构成法则和美学原则。通过对室内软装饰设计要素的分析与讲解，以及优秀设计方案的展示与分享，同学们开拓了设计的视野，提升了对室内软装饰设计的深层次认识。课后，大家要多搜集相关的室内软装饰设计的构成法则和美学原则案例，提升个人审美能力和设计创新能力。

## 四、课后作业

（1）每位同学搜集 20 张室内软装饰设计的构成法则作品，分小组讨论优秀作品案例，形成资源库。

（2）每位同学搜集 5 个室内软装饰设计优秀案例，分小组讨论作品中出现的构成法则和美学原则，提炼总结，以提升个人审美能力和锻炼团队合作能力。

# 项目二
# 室内家具设计
# 与搭配训练

学习任务一 室内家具设计训练
学习任务二 室内家具搭配案例分析

# 学习任务 一 室内家具设计训练

## 教学目标

（1）专业能力：熟悉室内家具的基本类型，掌握家具风格、功能、材质、结构、色彩等要素的设计与应用。

（2）社会能力：关注室内家具行业的发展趋势，搜集不同风格的室内家具图片。

（3）方法能力：培养学生资料搜集能力、案例分析与应用能力。

## 学习目标

（1）知识目标：了解室内家具的分类，掌握室内软装饰设计中家具的选择与搭配技巧。

（2）技能目标：能根据室内空间的功能和美学要求合理地选择和搭配家具。

（3）素质目标：提高家具审美能力和家具设计创新能力。

## 教学建议

### 1. 教师活动

（1）前期分析：利用多媒体教学，展示优秀的家具图片，提高学生对室内家具设计的理解能力。

（2）定期讲评：在课程教学过程中，做到理论联系实践，可以改变教学场所，如参观家具卖场或样板房，让学生更好地参与实践教学。

（3）后期总结：课程结束后，做相应的后期总结，梳理课程内容，通过实践教学，巩固理论知识并能熟练应用。

### 2. 学生活动

（1）仔细聆听教师的专业讲解，理解重点知识，提高专业审美，掌握专业技能。

（2）根据所学内容，完成课堂实训和课后作业。

# 一、学习问题导入

在我们日常生活中常见的家具有哪些？它们有什么用途？如图 2-1 和图 2-2 所示的家具又是什么风格和类型呢？

# 二、学习任务讲解

### 1. 家具的基本概念

家具是指人类维持正常生活、从事生产实践和开展社会活动必不可少的家用器具设施。家具的发展水平反映了不同时代人们的生活水平和生活习惯，家具将功能、技术、材料、文化、艺术融为一体，是室内软装饰设计的重要组成部分，家具的选择与布置对室内环境装饰效果起着重要作用。

### 2. 家具的分类

（1）根据使用功能，家具可以分为支撑类家具、凭倚类家具、收纳类家具等。

① 支撑类家具。支撑类家具是指支撑人体坐卧的家具（图 2-3）。此类家具是人类历史上最早形成的家具类型之一，是人类由无意识到有意识地使用、创造的生活用品之一，也是人类告别动物性的行为方式、生活习惯的一种物证。支撑类家具是人的一生中接触时间最长的家具，也是使用最广泛的一类家具，包括凳类、椅类、沙发类、床类等。

图 2-1　现代风格客厅家具

图 2-2　现代风格餐厅家具

图 2-3　支撑类家具

② 凭倚类家具（图2-4）。凭倚类家具是指主要供人们凭倚、伏案工作，同时也兼具收纳功能的家具。

③ 收纳类家具（图2-5）。收纳类家具是指用来存储衣物、被子、书籍、食品、器皿、用具的家具，通常以使用空间或收纳物品的类型冠名，如大衣柜、小衣柜、五斗柜、床头柜、书柜、文件柜、电视柜、备餐柜等。

（2）根据使用材料，家具可以分为实木家具、板式家具、软体家具、金属家具等。

① 实木家具（图2-6）。实木家具是指用实木制作而成的家具。常用的实木有榉木、柚木、枫木、橡木、红椿、水曲柳、榆木、杨木、松木等。

图2-4 凭倚类家具

图2-5 收纳类家具

图2-6 实木家具

② 板式家具（图2-7）。板式家具是指用人造板材加工制作而成的家具，具有可拆卸、造型丰富、不易变形、价格实惠等特点。

③ 软体家具（图2-8）。软体家具是指以海绵、织物为主体的家具，包括沙发、床等。

④ 金属家具（图2-9）。金属家具是指以金属管材作为主构架，配以木材、人造板、玻璃、石材等制作而成的家具。金属家具质感光亮，线条纤细，造型时尚、现代。

图 2-7　板式家具

图 2-8　软体家具

图 2-9　金属家具

（3）根据空间用途，家具可以分为办公家具、家居家具、公共家具等。

① 办公家具（图2-10）。办公家具是指为办理工作事务配备的家具。

② 家居家具（图2-11）。家居家具是指在家居空间中为生活、睡眠、清洗等而设置的家具。

③ 公共家具（图2-12）。公共家具是室内公共空间使用的家具，包括办公、餐饮、酒店、教育、商场、娱乐会所等公共活动空间中的家具。

图 2-10　办公家具

图 2-11　家居家具

图 2-12　公共家具

（4）根据使用空间属性，家具可分为室内家具和户外家具。

① 室内家具（图 2-13）。室内家具是指室内生活所用的家具，包括沙发、椅子、桌子、柜子等。

② 户外家具（图 2-14）。户外家具是指在开放或半开放性的户外空间使用的家具。户外受自然界环境因素影响较多，因此，户外家具大多采用耐腐蚀的天然材料，如藤条、竹子、实木等。

图 2-13 室内家具

图 2-14 户外家具

（5）根据室内空间设计风格，家具可分为新中式风格家具、简欧风格家具、现代风格家具、地中海风格家具等。

① 新中式风格家具（图2-15）。新中式风格家具以实木为主，多采用对称式结构，造型质朴，格调清新、高雅，极具中国传统文化内涵，表现出含蓄、端庄的气质。

② 简欧风格家具（图2-16）。简欧风格家具在沿袭了欧式古典风格家具造型和装饰的基础上，做了一定的简化。它不似欧式古典风格家具那样繁复，更注重造型的简约、装饰的简化和材质的体现，在追求家具的舒适性与实用性的同时，又不失典雅与高贵。

图 2-15　新中式风格家具

③ 现代风格家具（图2-17）。现代风格家具设计注重功能性，以线条简约流畅和色彩淡雅为特点，体现出明快、简洁、舒适、休闲的感觉。

④ 地中海风格的家具（图2-18）。地中海风格家具以极具亲和力的自然风情和浪漫、柔和的色调被人们喜爱。地中海风格的家具在造型上属于简欧式，色彩上以蓝色和白色为主，家具的坐垫常用蓝白相间的条纹，表现出海洋风格特有的清爽、悠远的空间气质。

图 2-16　简欧风格家具

图 2-17　现代风格家具

图 2-18　地中海风格家具

## 三、学习任务小结

　　通过本次课程的学习，同学们已经了解了室内家具的类型，对不同软装饰风格的室内空间应该使用哪种类型、哪种风格的家具也有了一定的认识。同学们课后还要结合课堂学习的知识，按照家具的风格来搜集家具图片，并形成自己的家具资料库。同时，结合设计案例中家具的选择与搭配技巧进行总结和归纳。

## 四、课后作业

　　自建 5 人小组，分工合作，搜集适用于新中式风格、简欧风格、现代风格和地中海风格的家具图片各 10 张。

学习任务 二 室内家具搭配案例分析

## 教学目标

（1）专业能力：了解室内家具搭配的方法和技巧。

（2）社会能力：对家具尺寸有一定的认知能力，在空间里选择尺寸合适的家具。

（3）方法能力：设计创新能力，家具美学鉴赏能力。

## 学习目标

（1）知识目标：掌握室内家具的组合与搭配方法。

（2）技能目标：能根据空间的设计需求合理地搭配家具。

（3）素质目标：能通过鉴赏优秀的室内家具搭配方案，提升家具搭配能力。

## 教学建议

### 1. 教师活动

（1）教师前期搜集优秀室内家具搭配案例并进行展示和讲解，让学生理解室内家具的搭配方法。

（2）通过课堂讨论、课堂讲演的方式，鼓励学生积极表达自己的设计观点。

### 2. 学生活动

（1）强化对室内家具搭配设计的感性认知，学会欣赏优秀的室内家具搭配设计方案，并积极大胆地表达出来。

（2）提升室内家具搭配设计的创新能力和实践动手能力。

# 一、学习问题导入

室内家具的搭配可以从风格、造型、色彩、尺度四个方面入手。在风格上，室内家具要尽量与室内空间的整体风格保持一致，体现空间的协调感。即使是混搭风格，也需要在风格元素上有一定的呼应关系。在造型上，室内家具造型要与室内空间的界面相互配合，造型复杂的古典家具，界面背景可以简化一些；方正、平稳的现代简约空间也往往搭配几何形的现代家具。在色彩上，室内家具要与空间整体相互映衬，形成一定的对比关系，体现空间的层次感。例如浅色的空间色彩可以搭配深色的家具；灰色调的空间色彩可以选择色彩艳丽一些的家具。在尺度上，室内家具的尺寸要适当，既不能让空间太空旷，也不能太拥挤。

图 2-19　新中式风格客厅家具配搭方案 1

# 二、学习任务讲解

## 1. 新中式风格室内家具搭配

（1）新中式风格客厅家具搭配案例。

如图 2-19 所示的客厅选用新中式风格家具，将全硬木的古典中式风格家具换成了带有软垫的新中式风格家具，让家具的舒适度得到提高。在布局上采用对称布局形式，让家具的组合更加平稳、庄重。在色彩上，以黑、白两色为主色调，与传统中国水墨画的黑白色形成呼应，展现出儒雅、质朴的意境。

如图 2-20 所示的客厅选用新中式风格家具，黑色的木沙发、木茶几、木花架搭配中国传统的靛青色布艺，与山青色的屏风和挂画浑然一体，表现出悠远的空间意境和极具文化内涵的中式禅意。

（2）新中式风格卧室家具搭配案例。

如图 2-21 所示的卧室选用新中式风格家具，造型简练，色彩朴素，让空间表现出极具中国传统古典文化内涵的水墨意境。

图 2-20　新中式风格客厅家具配搭方案 2

图 2-21　新中式风格卧室家具配搭方案

### 2. 简欧风格室内家具搭配

（1）简欧风格客厅家具搭配案例。

如图 2-22 所示的客厅选用简欧风格家具，浅色的三人沙发搭配灰蓝色的单人沙发，形成空间的层次感和立体感，深灰色的地毯很好地衬托了浅色家具，浅色的茶几和电视柜与长沙发在色彩和样式上形成呼应，让空间既协调又有一定的对比效果。

（2）简欧风格卧室家具搭配案例。

如图 2-23 所示的卧室选用简欧风格家具，深木色床架、床头柜和梳妆台搭配浅色的布艺床品，让空间视觉效果显得非常明快，空间的节奏感和韵律感也更加强烈。

### 3. 现代风格室内家具搭配

（1）现代风格客厅家具搭配案例。

如图 2-24 所示的客厅选用现代风格家具，造型简练，色彩跳跃，大红色的单人沙发在黑色格子纹地毯的衬托下显得鲜艳、靓丽。曲线形不锈钢脚的圆形茶几给空间带来活力和动感。整个客厅家具方与圆的搭配，让空间形成强烈的节奏感和韵律感。

图 2-22 简欧风格客厅家具配搭方案

图 2-23 简欧式风格卧室家具搭配方案

图 2-24 现代风格客厅家具搭配方案 1

如图 2-25 所示的客厅选用现代风格家具，皮革的坐垫搭配金属的椅脚，造型纤细，色彩素雅，营造出休闲、舒适、质朴的空间氛围。

（2）现代风格卧室家具搭配案例。

如图 2-26 所示的卧室选用现代风格家具，家具在造型上以几何形体为主要样式，搭配极具视觉冲击力的橙色布艺和装饰画，让空间表现出年轻、时尚的活力和舒适、惬意的氛围。

图 2-25　现代风格客厅家具搭配方案 2

图 2-26　现代风格卧室家具搭配方案 1

如图 2-27 所示的卧室选用现代风格家具，造型简洁，色彩艳丽，抽象构成元素的运用让空间表现出时尚、奢华的都市情调和多姿多彩的生活情境。

图 2-27　现代风格卧室家具搭配方案 2

## 三、学习任务小结

通过分析与讲解室内家具搭配案例，同学们初步了解了室内家具搭配的方法和技巧。室内家具搭配要从空间风格、造型、色彩和尺度上进行全方位的设计，室内家具搭配直接影响到室内空间的整体装饰效果。课后，同学们要多搜集相关的室内家具搭配案例，并分析总结规律，逐步形成自己的方法。

## 四、课后作业

完成 1 个新中式风格客厅家具的搭配设计，并制作成图片进行展示。

# 项目三

# 室内灯饰设计
# 与搭配训练

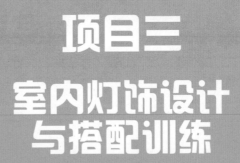

学习任务 一 室内灯饰设计训练

## 教学目标

（1）专业能力：了解室内灯饰的类型，掌握室内灯饰的选择与搭配技巧；能熟练地根据室内风格选择适宜的灯饰。

（2）社会能力：关注室内灯饰行业的发展趋势，搜集不同风格的室内灯饰图片。

（3）方法能力：具备室内灯饰产品的资料搜集能力、室内灯饰设计案例的分析和应用能力。

## 学习目标

（1）知识目标：了解室内灯饰的分类，掌握室内软装饰设计中灯饰的选择与搭配技巧。

（2）技能目标：掌握不同风格室内空间灯饰的选择与搭配技巧。

（3）素质目标：能够大胆、清晰地表述自己的室内灯饰设计方案，具备认真、严谨的专业素质和设计能力。

## 教学建议

### 1. 教师活动

（1）教师通过展示前期搜集的各类型室内灯饰设计案例图片，提高学生对室内灯饰设计的直观认识。同时，运用多媒体课件、教学视频等多种教学手段，讲授室内灯饰设计的学习要点，指导学生在室内软装饰设计中合理地选择和搭配灯饰。

（2）教师通过展示优秀的室内灯饰设计方案，让学生感受如何根据不同的空间类型和功能要求选择和搭配灯饰，并创造出能满足不同使用要求的照明环境。

### 2. 学生活动

（1）仔细聆听教师的专业讲解，认真完成课堂实训，提高创新思维能力。

（2）构建有效促进学生自主学习、自我管理的教学模式和评价模式，突出学以致用、以学生为中心的教学模式。

# 一、学习问题导入

如图 3-1 和图 3-2 所示的灯饰设计采用了哪种装饰风格和灯饰类型呢？图 3-1 采用了美式古典风格的灯饰，灯饰类型分别有吊灯、壁灯、台灯和筒灯。灯光使空间更加柔和、温馨、明亮，使空间的层次感更加丰富。图 3-2 采用了现代简约风格的灯饰，灯饰类型分别有吊灯、组合射灯、智能感应音乐灯。整个室内空间用暖灰色作为主色调，配合柔和、温暖的灯光效果，让空间更加舒适、宁静。三头射灯照射在亮黄色的装饰画上，让空间有了青春的朝气与活力。床头柜上放置了一盏智能感应音乐灯，其造型独特又方便实用，让音乐与艺术的气息弥漫整个空间。

图 3-1　美式古典风格灯饰

图 3-2　现代简约风格灯饰

# 二、学习任务讲解

## 1. 室内灯饰的种类和用途

室内灯饰的选择和应用与室内照明方式息息相关。室内照明设计需要通过灯饰作为载体来实现。室内照明设计与灯饰的选择主要有以下几种形式。

（1）背景照明。

背景照明是一种间接照明的方式，它可以通过壁灯、吊灯、射灯来实现。由于大量的直接照明会使人感到视觉疲劳，而间接照明则能让光线变得柔和，令空间更加舒适、温馨。因此，室内照明设计常常采用间接照明方式，这样可以避免产生眩光。此外，背景照明可以让局部更加明亮，突出其在空间中使人瞩目的程度，形成视觉中心。室内空间中的背景照明设计如图 3-3 和图 3-4 所示。

图 3-3　天花背景照明设计　　　　　　图 3-4　居住空间背景照明设计

背景照明常用以下两种布灯模式。

① 嵌入式 LED 筒灯 +LED 灯带。嵌入式 LED 筒灯的设计让灯体较好地实现了隐藏，形成"见光不见灯"的效果（图 3-5）。LED 灯带形成一种线形照明效果，其形状犹如一条光亮的带子，并可以弯曲、折叠、卷绕，具有较强的装饰效果（图 3-6）。LED 灯带还可以内置于衣橱、柜子等家具中，也可以安装在楼梯、天花和背景墙的背面或下面，勾勒边缘，强调空间的层次感（图 3-7）。嵌入式 LED 筒灯 +LED 灯带的照明效果如图 3-8 所示。

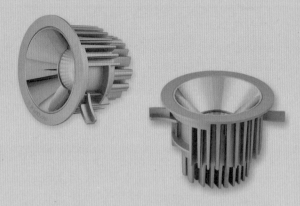

图 3-5　嵌入式 LED 筒灯

图 3-6　LED 灯带

图 3-7　使用 LED 灯带的室内空间

图 3-8　嵌入式 LED 筒灯 +LED 灯带的照明效果

② 吊灯或壁灯。采用向上出光且带有灯罩的吊灯（图3-9）或壁灯（图3-10），可以形成间接照明，并令空间的光环境更加柔和。

（2）装饰照明。

华丽的吊灯作为室内的主要光源，其本身独特的造型就能给空间增添美感，丰富室内空间的装饰效果（图3-11、图3-12）。

图 3-9　向上出光且带有灯罩的吊灯　　图 3-10　有辅助照明作用的壁灯

## 2. 不同风格的室内灯饰造型和美学特征

不同风格的室内灯饰有着不同的魅力与装饰作用，灯饰与整体室内风格相适应，才能让整个空间变得更加协调。室内灯饰的主要风格样式有新中式风格、欧式新古典风格、现代风格、东南亚风格和地中海风格等。

（1）新中式风格的灯饰。

图 3-11　装饰照明中的欧式水晶吊灯　　图 3-12　酒店大堂的大型水晶吊灯

新中式风格是指以中国传统代表性元素和造型为主的装饰形式。新中式风格通过一系列有中国传统文化元素和题材的软装饰搭配，融合古典、端庄的布局形式和造型样式，造就出含蓄秀美的室内装饰风格。新中式风格的设计体现了浓郁的中国东方之美，因此，其灯饰也具有内敛、质朴的特质。如常用的仿羊皮灯，其光线柔和、色调温馨，给人宁静、祥和的感受。仿羊皮灯以圆形和方形为主要造型，显得古朴端庄、简洁大方（图3-13）。此外，一些造型简约、新颖，富有文化内涵的新中式风格的灯饰也为空间增添了装饰美感和文化底蕴（图3-14～图3-16）。

图 3-13　新中式风格的仿羊皮吸顶灯

图 3-14　传统中式屋顶元素的新中式风格灯具

图 3-15　自然风景元素的新中式风格灯具

图 3-16　葫芦造型的新中式风格灯具（寓意"福禄"）

（2）欧式新古典风格的灯饰。

　　欧式新古典风格具有华丽、浪漫、金碧辉煌的特点，其室内造型精致，饰面纹样繁复，整个室内空间高贵、典雅。欧式新古典风格在室内灯饰的选择上注重其装饰效果，灯饰的材料常用金箔、水晶、黄铜等，造型庄重、层次丰富，体现奢华感。欧式新古典风格的灯饰如图 3-17 ~ 图 3-20 所示。

图 3-17　欧式新古典风格的水晶吊灯

图 3-18　欧式新古典风格的壁灯

图 3-19　欧式新古典风格的台灯

图 3-20　充满童趣的欧式新古典风格的灯具

（3）现代风格的灯饰。

　　现代风格设计在满足功能需求的前提下，崇尚简约的形式和简洁的造型，往往采用几何造型，通过元素之间的点、线、面等形态组合体现品质和内涵。现代风格的灯饰外观简洁，没有过多的装饰，线条简单，讲究形态的构成感，强调个性，还强调与背景的协调性，注重表现灯饰材料的质感。为了保证照明条件和视觉的舒适感，灯饰大都具有成套的配件，方便随时进行高度和角度的调整。现代风格的灯饰如图 3-21 ～图 3-24 所示。

图 3-21　造型前卫的现代风格的吊灯

图 3-22　简约型的现代风格的台灯、落地灯

图 3-23　几何形的现代风格的吸顶灯

图 3-24　适用于儿童房的现代风格的吸顶灯

（4）东南亚风格的灯饰。

东南亚风格是一种结合了东南亚国家特色的风格样式，设计风格大胆、奔放，有着热带雨林般清新自然的感觉和浓郁的民族特色。东南亚风格广泛运用木、竹、藤等天然材料，演绎原始自然的热带风情。东南亚风格的灯饰，造型别致，大多取材于自然，如铜制的莲蓬灯，手工编织的竹子吊灯、藤条吊灯，动物造型的灯等。其多变的样式和自然肌理的材质表现出质朴、淡雅的艺术美感。东南亚风格的灯饰如图 3-25 和图 3-26 所示。

图 3-25　以藤、竹、铜为主材的东南亚风格的吊灯

图 3-26 以藤、竹、铜为主材的东南亚风格的壁灯、台灯

（5）地中海风格的灯饰。

地中海风格极具亲和力和海洋风情，色彩以蓝色、白色、黄色为主色调，看起来明亮、清新、悦目。地中海风格的灯饰色彩艳丽，装饰感强，常用彩色玻璃、贝壳作为灯罩，给人休闲、浪漫的感觉。地中海风格的灯饰如图 3-27 ~ 图 3-29 所示。

图 3-27 以海洋、丛林为题材的地中海风格的灯饰

图 3-28　地中海风格的客厅灯饰设计

图 3-29　地中海风格的儿童房中的船舵吸顶灯

## 三、学习任务小结

通过本次课程的学习，同学们了解了室内设计中各种灯饰的类型和作用，对不同软装饰风格的室内空间应该使用哪种类型、哪种风格的灯饰也有了一定的认识。课后，同学们还要结合课堂学习的知识阅读相关的书籍，按照灯饰的风格来搜集灯饰图片，并形成自己的灯饰资料库。同时，结合设计案例对室内软装饰设计中灯饰的选择进行总结和概括，提升自己的实操能力和审美素养。

## 四、课后作业

自建 5 人小组，分工合作，搜集适用于新中式风格、欧式新古典风格、现代风格、东南亚风格、地中海风格的灯饰图片各 20 张。

学习任务

二　室内灯饰搭配案例分析

## 教学目标

（1）专业能力：能够认识和理解室内灯饰的搭配方式和技巧。

（2）社会能力：知道如何选择功能合适的灯具进行室内搭配。

（3）方法能力：具有美学鉴赏能力、设计创新能力、资料整理和归纳能力。

## 学习目标

（1）知识目标：能够结合室内空间的大小和功能、室内家具的组合、灯光明暗和色调等条件，合理搭配室内灯饰。

（2）技能目标：能够提升室内灯光照明设计和灯饰搭配的能力。

（3）素质目标：能鉴赏优秀的室内灯饰设计方案，提升室内灯光照明设计能力。

## 教学建议

### 1. 教师活动

（1）搜集优秀室内灯饰设计作品并进行展示和讲解，让学生感受优秀的室内灯光照明带来的视觉效果，进而了解室内灯光的配置方法。同时，运用多媒体课件、教学视频等多种教学手段，讲授知识点和赏析作品。

（2）通过操作和讲解，帮助学生逐渐理解本次学习任务，使学生掌握本次任务的操作过程、方法和技术要点。

（3）通过课堂讨论、课堂讲演的方式，鼓励学生积极表达自己的设计理念。

### 2. 学生活动

（1）强化对室内灯饰搭配设计的认知，学会欣赏优秀的室内灯饰搭配设计方案，并积极大胆地表达出来。

（2）提升室内灯饰搭配设计的创新能力和实践动手能力。

# 一、学习问题导入

灯光照明设计的好坏对室内软装饰设计方案的成败往往起着决定性作用。如果我们能掌握光和色彩的基本知识，结合室内空间的大小和功能、家具的组合以及灯光色调等条件，进行精心设计和搭配，就能增添室内空间的艺术效果。合理的灯光搭配不仅能够提升室内空间的整体美感，还可以丰富室内空间的文化内涵，提升室内空间的品质。

# 二、学习任务讲解

## 1. 居住空间照明设计案例分析

（1）科学选用电光源。

目前国内常用的电光源以白炽灯、荧光灯和节能灯为主。

白炽灯是指利用电阻把幼细丝线（通常为钨丝）加热至白炽后用来发光的灯。白炽灯的光效虽低，但光色和集光性能较好，是产量较大、应用较广泛的电光源。

荧光灯分为传统型荧光灯和无极荧光灯。传统型荧光灯即低压汞灯，是利用低气压的汞蒸气在放电过程中辐射紫外线，从而使荧光粉发出可见光的灯具，属于低气压弧光放电光源。无极荧光灯即无极灯，它取消了传统荧光灯的灯丝和电极，利用电磁耦合的原理，使汞原子从原始状态激发成激发态，其发光原理和传统荧光灯相似，有寿命长、光效高、显色性好等优点。简易贴合式拼接设计的荧光灯如图3-30所示。

节能灯又称为省电灯、电子灯、紧凑型荧光灯及一体式荧光灯，是指将荧光灯与镇流器（安定器）组合成一个整体的照明设备。这种光源在达到同样光能输出的前提下，只需耗费普通白炽灯用电量的1/5～1/4，从而可以节约大量的照明电能和费用，因此被称为节能灯。节能灯在家居灯饰设计中的运用如图3-31所示。

（2）保护视力，减少视觉疲劳。

因为白炽灯的显色性较好，所以在客厅的电视背景墙上可以考虑放置一组壁灯（白炽灯泡）。这组壁灯除了起装饰作用外，还可以增加灯影的过渡，弱化对眼睛伤害很大的电视屏幕强光（图3-32、图3-33）。

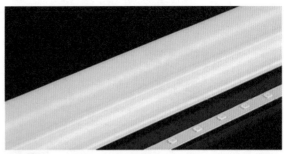

LED芯片

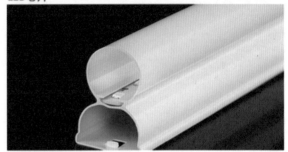

一体化灯管

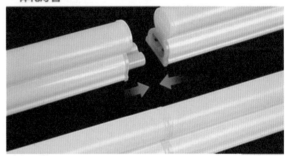

无影对接口

图 3-30　简易贴合式拼接设计的荧光灯

图 3-31　节能灯在家居灯饰设计中的运用

图 3-32　壁灯在电视背景墙中的运用 1

（3）设置可移动的局部照明灯具。

为了方便阅读，可以在沙发旁边放置一盏台灯或落地灯。直照式落地灯的光线较为集中，局部光照效果明显，对周围影响较小，而且直照式落地灯的光线可通过天花板漫反射到室内。这种间接照明的光线较为柔和，不仅对人眼刺激小，还能在一定程度上使人心情放松。在一些现代风格的居住空间设计中，这种灯具的使用较为普遍。天花板最好选取白色或浅色并且有一定反光效果的材料，这样的话，光线就能柔和很多，影响范围更大，并能产生底光的照明效果。最后要注意灯具与居住空间整体风格保持一致。不同风格的台灯或落地灯的搭配如图 3-34 ～图 3-37 所示。

图 3-33　壁灯在电视背景墙中的运用 2

图 3-34　新中式风格台灯搭配

图 3-35　现代风格台灯搭配

图 3-36　简洁实用的落地灯搭配

图 3-37　带水晶装饰的新古典风格落地灯搭配

（4）合理运用筒灯和射灯的聚光功能。

在室内照明中，筒灯与射灯的外观、造型、用途都非常相似。筒灯一般用作普通照明或辅助照明。射灯是一种高度聚光的灯具，它的光线照射方式具有可指定性，用作特殊照明或重点照明。例如在某个很有情调的区域或需要特意展示的挂画、装饰品处，可设置射灯。从光源上看，筒灯可以使用白炽灯泡，也可以使用 LED 节能灯泡（白色光或黄色光），光线相对于射灯要柔和，但筒灯的光源方向是不能调节的（图 3-38）。射灯用石英灯泡或灯珠，石英灯泡只有黄色光且射灯光源方向是可自由调节的。需要注意的是，射灯一般不能用于近距离照射毛织物，也不能近距离照射易燃物，否则容易引起火灾。虽然射灯耗电多，但是在适当的位置其作用十分明显（图 3-39、图 3-40）。

| 产品图片 | 光色 | 开孔尺寸 |
| --- | --- | --- |
|  | 白光 | 7~8 厘米 |
|  | 白光 暖白光 可选 | 7~8 厘米 |
|  | 白光 暖白光 可选 | 7~8 厘米 |
|  | 白光 暖白光 可选 | 8~9 厘米 |
|  | 三挡调色 白光 暖白光 黄光 | 7~8 厘米 |
|  | 三挡调色 白光 暖白光 黄光 | 8~9 厘米 |
|  | 白光 暖白光 可选 | 7~8 厘米 |
|  | 三挡调色 白光 暖白光 黄光 | 7~8 厘米 |
|  | 白光 暖白光 可选 | 7~8 厘米 |
|  | 白光 暖白光 可选 | 7~8 厘米 |

可调光筒灯

图 3-38　多种性能的 LED 筒灯及应用场景　　　　　图 3-39　嵌入式射灯在居住空间设计中的应用

图 3-40　轨道式射灯在居住空间设计中的应用

随着生活水平的提高，人们对室内环境的美观度要求也越来越高，因此一些款式精致、造型别致的灯具开始广泛应用于室内空间。尤其是室内主灯的设计，摒弃了华而不实的吊灯，转用筒灯、射灯、落地灯和灯带，通过多种光源的搭配、融合，营造出独特的室内光影氛围，让室内空间更有层次感和格调，如图3-41所示。

图 3-41　无主灯在居住空间设计中的应用

## 2.办公空间照明设计案例分析

（1）前台的照明设计要主次分明。

LED筒灯和射灯是前台灯光设计常用的灯具。前台区域代表企业的形象，常用灯光的重点照明来突出企业的LOGO和企业文化展示等重要信息（图3-42）。在灯光的重点照射下，企业名称变得格外醒目，强化了客户对企业的认知和体验。

图 3-42　主次分明的前台灯饰照明设计

（2）开放式办公区灯光设计。

办公室空间的灯具选择按照光线投射方式可分为直接照明、间接照明和半间接照明。通常情况下，为了避免产生不合适的阴影，开放式办公区会选择直接照射的格栅灯和LED格栅灯盘，如图3-43所示。同时，筒灯和软膜天花灯也是开放式办公区常用的灯具（图3-44）。高色温光源让空间更加明亮，更能提高工作效率。考虑到开放式办公区在办公场所中占地面积较大，办公时间较长，因此，灯光应满足舒适、均匀、抗疲劳的原则。

（3）独具特色的会议室灯饰设计。

会议室不仅是企业员工开会的空间，同时也是向客户展现公司实力和形象的重要场所。会议室的灯光应能根据要求进行切换，如会议、训练、谈判、视频观摩、会客等，因此，其照明设计应结合智能操控系统，以满足不同功能的需求。会议室可以选择一些有特色的吊灯为主光源，射灯及LED灯为辅助光源。会议室灯饰搭配如图3-45所示。

（4）低调、别致的过道照明设计。

过道作为办公空间的公共区域，主要功能是组织交通。过道灯具的主要功能是辅助照明，对其造型要求不高。通常情况下会根据天花的构造和高度选择隐藏式的照明灯具，如LED灯带、LED筒灯和LED格栅灯等照明灯具，如图3-46所示。

图3-43　开放式办公区LED灯具照明设计

图3-44　开放式办公区软膜天花灯设计

图 3-45　会议室灯饰搭配

图 3-46　办公室过道灯饰搭配

### 3.商业空间照明设计案例分析

大型商业空间室内灯光设计常采用多光源照明的方式。多光源照明是指空间内灯光由不同形式的光源组合而成的照明形式。多光源照明赋予了室内更加丰富的视觉效果。优秀的商业空间照明设计可以强化商业空间的主题，展现商品的个性，从而达到商品利益的最大化。创造优雅、舒适的光环境是留住顾客的重要手段之一，而单调、昏暗的光环境或过亮、刺激的光环境，只会降低顾客对商品的注意力，缩短顾客在空间里逗留的时间。

如图 3-47 所示，德国法兰克福 MyZeil 购物中心无论室内还是外观都充满了优美的曲线，配以多光源的灯光设计，室内造型与灯光交织在一起，充满了梦幻般的色彩和变幻之美。纵横交错的灯光曲线，对比强烈的色彩，流动的光和影，带给消费者强烈的视觉冲击和美观体验。

商业空间照明设计需要把握以下原则。

（1）修饰空间，突出商业主题。

对于商业空间来说，灯光已经不再单纯地用作照明。商业空间照明需要综合考虑照明的艺术性、实用性、节能性、商业性和美观性。图 3-48 展示的是武汉萨丁伯格餐厅室内照明设计，其设计以烹饪区为中心，使用 LED 暗藏灯带强调了烹饪者和顾客互动这一特色。由于每个厨房都有独特的材料和色彩搭配，配以不同的灯光强度、色调，顾客可以现场感知到餐厅人性化、温情化的设计理念。淡雅的色调配合柔和的灯光效果，让空间氛围显得宁静、休闲，让顾客在体验美食的同时，心情也能得到最大程度的放松。

图 3-47　德国法兰克福 MyZeil 购物中心　　　　　　　　图 3-48　武汉萨丁伯格餐厅室内照明设计

（2）烘托空间氛围，强化空间主题。

商业空间照明设计在满足基本照明需求的基础上，可以通过照明方式的变化丰富空间效果，烘托空间氛围，强化环境主题。例如可以利用局部重点照明让空间中的某个面或形体更加突出，达到强化空间主题的目的。图 3-49 和图 3-50 展示的是浙江千岛湖云水格精品酒店接待区和客房的灯饰搭配设计。其灯光以点光源为主，照度低，显得朦胧、幽静，给顾客优雅、质朴的空间印象。同时，灯光透过半通透的藤编灯罩，在空间中形成交织的光影，也带给顾客梦幻般的仙境的感觉，强化了空间崇尚自然、讲究内涵和品质的主题。

图 3-49　浙江千岛湖云水格精品酒店接待区灯饰搭配

图 3-50　浙江千岛湖云水格精品酒店客房灯饰搭配

（3）划分空间区域，丰富空间层次。

空间区域的划分可以通过照明设计来实现，多光源的配合使得空间照明具备了丰富的变化和层次感，同时也有效实现了区域之间的差异化。如图 3-51 所示，佛山天虹购物中心通过顶棚采光和不同的照明设计，让人感知到整个购物中心的空间界限。佛山天虹购物中心运用不同的灯光照度和色彩，对商业中心区、港澳风情 Yes！街区、儿童主题街区这三个空间进行了区域划分。同时，通过照明的强弱程度表现出空间的主次关系，让空间界定更加清晰，空间层次更加丰富。

（4）艺术情感的外在表达。

照明设计与人的心理感受紧密

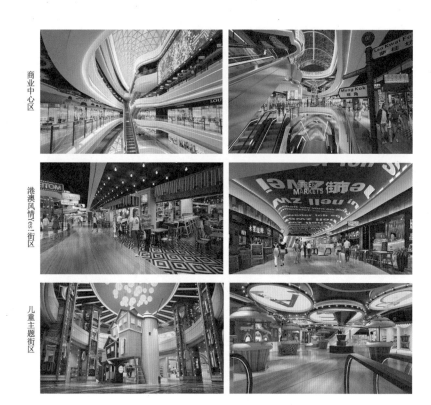

图 3-51　佛山天虹购物中心照明设计

相连，不同的商业环境会在灯光色彩上展现不同的色温，如超市、购物中心等大众消费的场所强调明亮、有活力的照明效果，大多选择白光；高档专卖店、咖啡厅、豪华餐厅、星级酒店等高消费场所则需要营造一个舒适、温馨的光环境，大多选择偏黄色的光源。室内空间中只要有光存在，就会形成明暗对比。灯光的亮度、位置和方向让空间中的人和物表现出近似艺术的明暗、远近、浓淡的效果，形成不同的视觉感知。

如图 3-52 所示是某社区咖啡厅照明设计。场地房屋的东、北两侧与室外相邻，一天中主要的光线来自东面和北面，因此设计者充分利用自然光源，将咖啡操作区设在空间正中。吧台上方设计了一个很高的装置，外形像一座积木塔，用它来分配进入室内的自然光线。客人的空间分为两层，围绕着这个核心装置依次展开。清晨，

图 3-52　某社区咖啡厅照明设计

东面的阳光会短暂地进入吧台位置，咖啡师可以独自在清晨的阳光中开始店内的准备工作。而在一天中的大部分时间，场地内的光线都是柔和而散漫的北侧光线。由于没有西向开窗，傍晚室内的光线会迅速变暗，提前进入夜晚的状态。此时，设计者在"积木塔"内设置了一组温暖的黄色光源，细碎的光线从柚木条的缝隙中漏出，仿佛逐渐燃起的篝火。而简约的吊灯组合补充了店内光源不足的地方，也为客人用餐提供了辅助照明。从外面可以看到咖啡师像一个弹奏复杂乐器的表演者，在暖黄色的灯光下店内氛围显得非常温馨。

## 三、学习任务小结

同学们在了解灯饰的分类和主要风格样式后，再通过本次课程中大量室内灯饰搭配与照明设计案例的学习，了解到人工光环境设计与光源、灯具等因素密切相关，可以根据室内的光环境判断出不同的室内空间需要怎样的照明设计和灯饰搭配。同时，在设计思维上能使灯饰与空间达到美感上的契合。课后，同学们可以继续搜集更多优秀的室内空间灯饰搭配方案，为以后从事室内软装饰设计工作积累素材和经验。

## 四、课后作业

使用美间软件，模拟不同风格的室内软装饰环境，进行灯饰搭配练习，并说出选择该灯饰的原因，可参考图 3-53 ~ 图 3-55。

要求：家装、公装不限，灯饰的选择要与室内设计风格搭配，灯饰的款式要新颖，符合空间的使用功能。

图 3-53　家居客厅灯饰搭配作业范例

图 3-54　办公室灯饰搭配作业范例

图 3-55　欧式餐厅灯饰搭配作业范例

# 项目四

# 室内布艺设计与搭配训练

学习任务 一

# 室内布艺设计训练

## 教学目标

（1）专业能力：了解室内布艺的类型，掌握室内布艺的选择与搭配技巧；能熟练地根据室内风格及空间功能选择合适的布艺产品。

（2）社会能力：关注室内布艺行业的发展趋势，搜集不同风格的室内布艺图片。

（3）方法能力：室内布艺产品的资料搜集能力、室内布艺设计案例分析和应用能力。

## 学习目标

（1）知识目标：了解室内布艺的分类，掌握室内软装饰设计中布艺的选择与搭配技巧。

（2）技能目标：掌握不同风格及不同功能空间的布艺选择与搭配技巧。

（3）素质目标：能够大胆、清晰地表述室内布艺设计方案，具备认真、严谨的专业素质和设计能力。

## 教学建议

### 1. 教师活动

（1）教师通过展示前期搜集的各类型室内布艺设计案例图片，提高学生对室内布艺设计的直观认识。同时，运用多媒体课件、教学视频等多种教学手段，讲授室内布艺设计的学习要点，指导学生在室内软装饰设计中合理地选择和搭配布艺。

（2）教师通过展示优秀室内布艺设计方案，让学生感受如何根据不同的空间类型和功能要求选择和搭配布艺。

### 2. 学生活动

（1）仔细聆听教师的专业讲解，认真完成课堂实训，提高创新思维能力。

（2）构建有效促进学生自主学习、自我管理的教学模式和评价模式，突出学以致用、以学生为中心的教学模式。

# 一、学习问题导入

布艺是软装饰设计的重要组成部分，在室内软装饰设计与搭配中占比较高，视觉影响力较大。室内空间往往只需更换窗帘或床品的色彩或样式，空间的装饰风格就会为之一变，展现出不同的装饰效果。专业的布艺设计不仅能提高室内空间档次，让室内空间的视觉感受更加温暖、柔和、细腻，丰富空间的层次、肌理和质感，而且更能体现室内空间的生活品位和艺术品质。

# 二、学习任务讲解

## 1. 室内布艺概述

（1）室内布艺的范围。

布艺是由纺织原料制成的具有使用功能和装饰功能的纺织制品。室内布艺主要包括家具布艺、窗帘、抱枕、床品、地毯、墙布和桌布几个大类。

（2）室内布艺的作用。

室内布艺的作用主要有以下几点。

① 柔化空间，增加空间的柔软质感，营造温馨、舒适的触感。

② 强化室内设计风格，选择与设计风格相匹配的布艺，在面料、图案、样式和色彩等方面形成合理的搭配，可以让室内设计风格得到更加全面的诠释。

③ 表现空间品位，展现空间品质，创造个性化的空间形式。

室内布艺的运用如图 4-1 所示。

图 4-1　室内布艺的运用

（3）室内布艺设计的原则。

① 注重整体风格的呼应。布艺的色彩、材质、图案和样式要和室内装饰风格协调一致，在保证室内空间整体协调的前提下，可以在质感、肌理和色彩等方面展现一定的对比效果，以免室内空间过于单调（图4-2）。

② 与室内家具紧密结合。家具在空间中占比较大，布艺要与家具紧密结合，让家具展现出更加丰富的装饰效果以及更加细腻的肌理、质感和触感，也让空间显得更加温馨和舒适（图4-3）。

图4-2　布艺与室内整体设计风格相呼应

图4-3　布艺与家具紧密结合

③ 合理设置尺寸。室内布艺的尺寸直接影响室内空间的视觉平衡，在搭配选择时要明确空间的主次关系。布艺作为室内的配饰，其设置的主要目的是丰富空间的装饰效果，突出和强化室内造型与风格，因此，布艺的选择与设置要与室内空间大小一致，不能喧宾夺主（图4-4）。

④ 面料与使用功能统一。选择布艺面料的时候尽可能用相同或相近的元素，避免材质的杂乱，重点是要与布艺的使用功能相统一。例如客厅可以选用大气、厚重、华丽的面料，卫生间应选用防水面料等（图4-5）。

## 2. 家具布艺的选择与搭配

家具是室内空间的重要组成部分，占比较高，在一定程度上影响着室内的整体风格和格调。布艺可拆洗、更换，既可以让家具富于变化，又可以优化家具的质感、肌理和色彩。布艺与室内家具进行搭配时一般以突出家具为主，例如地毯的色彩和样式要与家具形成一定的对比关系，起到衬托家具的作用。常用的搭配方式有深色沙发搭配浅色地毯，浅色沙发搭配深色地毯，或者素色沙发搭配颜色艳丽的地毯等；抱枕的色彩、图案则可以丰富一些，起到点缀和装饰家具的作用（图4-6、图4-7）。

图4-4 布艺的尺寸与空间相匹配

图4-5 室内空间中的多种布艺面料材质接近，功能统一

图4-6 家具与布艺的搭配1

家具与布艺搭配可以在布艺面料上尝试不同的选择，可选用丝绒、粗麻、纯棉等耐磨布料，表现不同的质感。丝绒面料的家具高雅、华丽，棉麻面料的家具朴实、厚重。图案上可选用清爽的条纹、平稳的格子或现代前卫的几何图案，以及跳跃、鲜明的植物图案（图4-8）。

图4-7 家具与布艺的搭配2

图4-8 不同面料的布艺与家具的搭配

### 3. 窗帘布艺的选择与搭配

窗帘不仅具有遮光、避风、保暖、隔热、降噪、防紫外线的实用功能，而且还具有很强的装饰功能。布艺窗帘在选择与搭配时可以遵循以下原则。

① 根据窗户类型确定窗帘样式、面料和色彩。落地窗常见于现代风格的室内空间，其景观纵深感较好，适合选择面料轻柔、色彩素雅、图案自然的布艺窗帘。飘窗多见于卧室和书房，这类窗对窗帘的光控效果要求较高，一般以一层主帘搭配一层纱帘的双层窗帘为主，既可透光又有朦胧美感。高窗常见于层高较高的室内空间，这类窗可以安装电动窗帘（图4-9）。

图4-9 根据窗户类型确定窗帘样式、面料和色彩

② 根据窗户形状和功能选择窗帘。单幅窗帘对于窄小空间或紧密排列的窗户非常合适，简单地垂坠显得清爽、飘逸。双幅窗帘是最常见的款式，其对称的效果让空间更有秩序感。短帷幔窗帘无论是平整的还是有褶皱的，都能给人浪漫、温馨的感觉（图 4-10）。

③ 根据室内空间风格确定窗帘款式。在选择窗帘时，要注意不同的室内设计风格搭配不同的窗帘。深色的窗帘比较稳重、大方，浅色窗帘舒适、明亮，要充分考虑室内空间环境色彩的影响，需要表现协调效果时，窗帘的样式、图案和色彩可以与室内主色调相一致；需要表现个性效果时，可采用对比的手法，让室内空间主次分明（图 4-11）。

图 4-10　根据窗户形状和功能选择窗帘

图 4-11　根据室内空间设计风格确定窗帘款式

④ 窗帘的选择与室内空间协调、统一。窗帘的样式、色彩、面料和图案等要与室内空间的设计风格，以及墙面、地面、天花的造型和色彩相协调，形成统一、和谐的整体美。具体可以从三个方面进行统一，即不同质感，图案类似或统一；不同图案，颜色统一；图案颜色均不相同，但材质类似或统一。窗帘的色彩也要与室内主色调相协调，采用补色或邻近色都能达到较好的视觉效果。在风格的统一上，现代风格可选素色窗帘，欧式古典风格可选优雅的波浪纹褶皱窗帘，田园风格可选择小碎花或格子纹窗帘，中式风格可选择竹帘（图 4-12）。

图 4-12 窗帘的选择与室内空间协调、统一

### 4. 抱枕的选择与搭配

抱枕是室内空间中的重要装饰品，抱枕的形状有正方形、长方形、圆形、仿生造型等。其组合与摆放一般成行成组，色彩和图案较为丰富，用以强化主题，增强空间层次感（图 4-13）。

抱枕的选择与搭配方式主要有对称陈列和不对称陈列两种，对称陈列是指按照均衡原则进行对称布置，给人整齐有序的感觉。不对称陈列是指按照散点布局的形式，形成有节奏感和韵律感的自由布局（图 4-14）。

图 4-13 各种款式的抱枕

图 4-14　抱枕的选择与搭配方式

### 5. 床品的选择与搭配

床品的选择与搭配要注意以下几点。

① 与室内风格一致。床品的选择与搭配要根据室内的风格与主题选择，保证室内整体视觉效果协调、统一（图 4-15 ）。

图 4-15　床品的风格与室内风格一致

② 与墙面或家具协调。床品最好选择与墙面或家具接近的色调或色系，形成色彩的协调感，营造宁静、舒适、雅致的空间环境（图4-16）。

③ 与窗帘协调。选择与窗帘同色、同花纹的床品，视觉上更协调、舒适（图4-17）。

④ 与床头背景呼应。床品的色彩或图案与床头造型呼应，可以让空间更具整体性（图4-18）。

图4-16　床品色彩与墙面或家具协调

图4-17　床品款式与窗帘协调　　　　图4-18　床品与床头背景呼应

### 6. 地毯的选择与搭配

地毯既有防滑、吸水的实用功能，也有装饰空间的作用，还可以分隔空间，形成视觉中心，是室内空间软装饰不可缺少的元素之一。地毯的选择与搭配应注意以下几点。

① 根据空间色彩选择地毯。可以选择与空间色彩相协调的同色系，让室内空间整体感更强；也可以选择与空间色彩形成对比的色彩，形成空间的视觉中心（图4-19）。

② 根据采光情况选择地毯。采光面积大的空间，适合选用冷色调的地毯，用以降低室温；采光面积小的空间，则适合选用明黄色、橙色等暖色调的地毯，减少阴冷的感觉，同时还有增大空间的效果（图4-20）。

图4-19　地毯的颜色与空间色彩呼应

图 4-20　地毯的颜色选择受采光情况的影响

③ 根据家具款式选择地毯。如果室内主要家具是比较规矩、方正的形状，可以选择矩形地毯。如果家具有弧度或圆角，可以选择圆形或异形地毯与之呼应（图 4-21）。

图 4-21　地毯的形状与家具形状呼应

④ 根据空间属性选择地毯。室内公共区域地毯的选择与搭配应符合室内空间的属性。例如创新类办公空间公共区域的地毯在图案、色彩上可以丰富多彩一些，传达出个性、时尚的空间品质；酒店会所的地毯则要与室内整体风格和家具相呼应，选用端庄、大气、稳重的地毯，表现出优雅的气质（图 4-22）。

图 4-22　不同空间地毯的选择与搭配

### 7. 墙布的选择与搭配

墙布可以很好地保护墙面，它的图案和肌理以及呈现出来的层次感让室内空间的装饰效果更加丰富、立体。墙布的选择与搭配应注意以下几点。

① 空间用途决定墙布的色彩。休闲聚会的公共空间，可以选择亮丽、明快的色彩，可以激发人们的情绪，让人们精神愉快，心情开朗。私密性较高的空间可以选择低纯度的色彩，营造舒适、宁静的空间环境（图 4-23）。

② 空间面积决定墙布的花型大小。花型大的墙布能降低空间的空旷感，收缩空间，适合面积大的空间；花型小或素色的墙布则可以扩张空间，适合面积小或光线暗的空间（图 4-24）。

③ 空间光线决定墙布的色调。光照充足的室内空间适合选用色彩较深的冷灰色，光线不足的室内空间适合选用色彩较浅的暖灰色（图 4-25）。

图 4-23　空间用途决定墙布的色彩

图 4-24　空间面积决定墙布的花型大小

图 4-25　空间光线决定墙布的色调

④ 空间层高决定墙布的花型样式。竖条纹图案可在视觉上增加空间高度，适合层高较低的空间；反之，宽大的图案则适合层高较高的空间（图 4-26）。

图 4-26　空间层高决定墙布的花型样式

## 8. 桌布的选择与搭配

桌布不仅可以保护家具，隔离污渍，还可以装饰和美化空间。桌布的面料主要有棉、麻、化纤等，中式风格的桌布还常用锦缎。桌布的图案和色彩需要根据家具的色彩来确定，一般深色的家具覆盖浅色桌布，浅色家具覆盖深色桌布，形成对比关系，丰富层次感。桌布可以满铺，也可以呈长条形，完全覆盖餐桌和茶几，并下垂 30 厘米左右（图 4-27）。

图 4-27 桌布在室内空间中的搭配

## 三、学习任务小结

通过本次课程的学习，同学们已经初步掌握了室内布艺的分类和设计原则，并了解了室内主要家具布艺、窗帘布艺、抱枕、床品、地毯、墙布和桌布的选择与搭配技巧。通过对大量室内布艺搭配案例的分析与鉴赏，同学们提升了对室内布艺设计与搭配的直观认识。课后，大家要多搜集室内布艺设计与搭配案例，积累设计经验，提高对布艺面料、工艺、样式和色彩的深度认知。

## 四、课后作业

（1）以小组为单位，到布料市场搜集布料样品，现场体验室内布艺的装饰效果，并搜集 20 种不同风格的布艺面料。

（2）使用酷家乐软件，给同一个室内空间更换不同的布艺，营造 4 种不同风格的室内空间。

# 学习任务 二　室内布艺搭配案例分析

## 教学目标

（1）专业能力：能分析室内布艺搭配案例，掌握室内布艺的选择与搭配技巧。

（2）社会能力：能搜集和归纳不同风格的室内布艺搭配案例。

（3）方法能力：具有室内布艺搭配案例搜集能力、室内布艺搭配案例分析和应用能力。

## 学习目标

（1）知识目标：掌握室内布艺的选择与搭配技巧。

（2）技能目标：掌握不同风格及不同功能空间的布艺选择与搭配技巧。

（3）素质目标：能够大胆、清晰地表述室内布艺搭配设计方案。

## 教学建议

### 1. 教师活动

（1）教师展示前期搜集的室内布艺设计搭配案例图片，提高学生对室内布艺设计与搭配的认知。同时，运用多媒体课件、教学视频等多种教学手段，讲授室内布艺搭配的方式、方法，指导学生对室内布艺进行选择与搭配。

（2）教师分析与讲解优秀的室内布艺搭配案例，让学生感受到如何根据不同的空间类型和功能要求选择和搭配室内布艺。

### 2. 学生活动

（1）仔细聆听教师的专业讲解，认真完成课堂实训，提高设计思维能力。

（2）构建有效促进学生自主学习、自我管理的教学模式和评价模式，突出学以致用、以学生为中心的教学模式。

# 一、学习问题导入

室内布艺的设计与搭配需要根据室内空间的设计风格和使用功能来综合进行，同时，还要考虑布艺的面料、款式、图案、色彩等因素。室内布艺的搭配训练前期可以借鉴优秀的设计案例中呈现出来的方法和技巧，举一反三，找出其中的规律，形成自己的方法。

# 二、学习任务讲解

### 1. 案例一：萨兰斯克酒店室内布艺搭配

本案例是一个五星级酒店公共区域的室内布艺搭配设计，主要选用了窗帘、布艺沙发和地毯。酒店整体属于后现代主义装饰风格，造型和图案以现代抽象构成主义的点、线、面等几何形态为主，色彩浓艳，奢华大气。窗帘是素色的绒布，遮光效果好，与墙面浑然一体，形成统一的背景。布艺沙发样式简洁，色彩纯正，表现出时尚、现代的感觉，再配以灰色调几何图案的地毯，表现出较强的层次感和立体感。整个室内布艺的搭配，增添了室内空间的节奏感和韵律感，丰富了空间的质感和肌理，形成了空间的焦点和视觉中心，也让空间的视觉效果更加生动、活泼（图4-28）。

### 2. 案例二：爱马仕风格居住空间室内布艺搭配

本案例是一个居住空间的室内布艺搭配设计，布艺主要选用了墙布、窗帘、布艺沙发、抱枕和地毯。室内空间的整体设计风格和主题是极具个性化和奢华感的爱马仕风格。爱马仕风格是以法国著名时尚品牌爱马仕为主题的风格样式，其最大的特征就是以橙色作为室内的主色调，讲究精细的工艺和时尚的品质。窗帘采用浅橙色碎花布艺，质感和肌理较好，与室内空间的整体格调协调一致。布艺沙发样式简洁，色彩素雅，装饰精细，搭配图案丰富、色彩明快的抱枕，让空间的层次感和立体感得到了较好的体现。具有几何构成感的灰色调的地毯，与地面材料有机地结合在一起，形成统一的背景，将艳丽的橙色很好地衬托了出来（图4-29）。

图4-28　萨兰斯克酒店室内布艺搭配

图 4-29 爱马仕风格居住空间室内布艺搭配

### 3. 案例三：高级灰居住空间室内布艺搭配

本案例是一个居住空间的室内布艺搭配设计，布艺主要选用了墙布、窗帘、布艺沙发、床品、抱枕和地毯。室内空间的整体设计风格是现代风格，其最大的特征就是以无彩色系作为室内的主色调，营造出质朴、儒雅、宁静的空间格调。窗帘和地毯都选用了素雅的灰色调，图案和样式都非常简洁，与墙面、天花和地面协调统一。抱枕作为空间的点缀，形成一定的对比效果，丰富了空间的层次（图 4-30）。

### 4. 案例四：家具卖场室内布艺搭配

本案例是一个家具卖场的室内布艺搭配设计，布艺主要选用了布艺沙发、抱枕和地毯。室内空间的整体设计风格是现代、自然风格，其最大的特征是通过强烈的色彩对比拉开背景与家具之间

图 4-30 高级灰居住空间室内布艺搭配

图 4-31　家具卖场室内布艺搭配

的色差，达到突出家具的作用。其主体家具沙发采用素雅的灰色调，造型简约，抱枕和地毯作为空间的点缀色，其图案和色彩较为丰富，与沙发形成一定的色彩对比效果，让空间层次分明（图 4-31）。

### 5. 案例五：自然主义风格和新中式风格的室内布艺搭配案例图册

本案例是一个自然主义风格和新中式风格的室内布艺搭配案例图册。图册中的布艺极具艺术表现力，包括植物图案和花卉图案的抱枕、抽象水墨图案的地毯，整体色调清新、雅致，表现出飘逸、浪漫、含蓄的美感（图 4-32）。

### 6. 案例六：混搭风格的室内布艺搭配案例图册

本案例是一个混搭风格的室内布艺搭配案例图册。图册中的布艺色彩浓艳，对比强烈，图案和质感丰富，营造出古典、高贵、端庄、儒雅的空间品质（图 4-33）。

图 4-32　自然主义风格和新中式风格的室内布艺搭配案例图册

图 4-33　混搭风格的室内布艺搭配案例图册

## 三、学习任务小结

通过对室内布艺搭配案例的分析和讲解，同学们初步了解了室内布艺搭配的方法，对不同装饰风格的室内空间应该使用哪种类型、哪种风格的布艺也有了一定的认识。课后，同学们还要结合课堂学习的知识搜集更多室内布艺搭配设计案例，并形成自己的资料库。同时，结合设计案例对室内软装饰设计中布艺的选择进行总结和概括，提升自己的实操能力和审美素养。

## 四、课后作业

（1）整理和搜集 20 个室内布艺搭配案例。

（2）完成 2 套室内布艺搭配案例图册的制作。

# 项目五
# 室内陈设品设计
# 与搭配训练

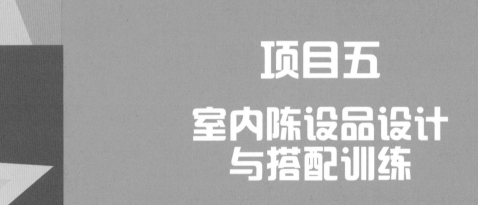

学习任务 一 室内陈设品设计训练

## 教学目标

（1）专业能力：了解室内陈设品的分类和特点，能够针对不同风格的室内空间选择合适的陈设品进行装饰。

（2）社会能力：多关注室内陈设品行业的发展趋势，搜集不同风格的陈设品图片。

（3）方法能力：具有设计创新能力、资料搜集能力、设计应用能力。

## 学习目标

（1）知识目标：了解室内陈设品的分类和美学特征，掌握室内软装饰设计中室内陈设品的选择与搭配技巧。

（2）技能目标：学生积累室内陈设品素材，在室内软装饰设计案例中进行手绘表现，也可独自进行手工创新制作。

（3）素质目标：能够大胆、清晰地表述自己的室内陈设品设计方案，具备认真、严谨的专业素质和设计能力。

## 教学建议

### 1. 教师活动

（1）理论讲解与案例分析相结合，通过展示与分析大量室内陈设品图片，让学生直观地感受室内陈设品的设计和搭配技巧，提升学生的摆场能力和搭配技能。

（2）遵循以教师为主导、以学生为主体的原则，采用案例分析法、拼贴画手法、头脑风暴法等教学方式，调动学生学习的积极性，提高学生的室内陈设品搭配能力。

### 2. 学生活动

（1）学生认真学习，了解不同类别的室内陈设品的美学特征。

（2）学生根据设计任务书分析任务要求并搜集相关资料，设计出实用与美学相结合的室内陈设品。

# 一、学习问题导入

如图 5-1 所示的两张图，图中最引人注目的物品是什么？是装饰画、插花、摆件，还是台灯、柜子？图 5-1 中玄关独特的配色格外有感染力，墙上的鹅黄色装饰画首先映入眼帘，色彩鲜明，装饰画中的骏马形象突出，与柜子上的枣红马雕塑相互呼应。装饰画的背景色与插花颜色一致，起承接作用，地上的大红沙皮犬雕塑的颜色作为玄关的补色，增添了画面的厚重感。

图 5-1　居住空间中的陈设品搭配

在如今这个开放的时代，室内设计文化以多元化方式交融，室内陈设品也呈现出与众不同的文化内涵，以营造室内气氛和传达精神功能。随着人们生活水平和审美能力的提高，人们越来越注重室内陈设品装饰的重要性，而且都越来越喜欢自己装扮小家，这也反映出人们对家的精神追求不断提高。那么，对于市面上形形色色的陈设品，我们又该如何选取和搭配呢？

# 二、学习任务讲解

室内陈设品是指室内的摆设饰品，是用来营造室内气氛和传达精神功能的物品。室内陈设品从使用角度上可分为功能性陈设品（如餐具、茶具和生活日用品等）和装饰性陈设品（如装饰画、插花和工艺品等）。

## 1. 功能性陈设品

（1）餐具。

餐具是指就餐时所使用的器皿和用具。餐具是餐厅的重要陈设品，其风格不仅要与餐厅的整体设计风格相协调，更要衬托出主人的身份、地位、审美品位和生活习惯。餐具主要分为中式餐具和西式餐具两大类。中式餐具包括碗、碟、盘、勺、筷、匙、杯等，材料以陶瓷、金属和木材为主（图 5-2）。西式餐具包括刀、叉、匙、盘、碟、杯、餐巾、烛台等，材料以不锈钢、金、银、陶瓷为主。西式餐具摆放考究，一般中间放盘，左边放叉，右边放刀、勺（图 5-3）。

图 5-2　中式餐具搭配

图 5-3　西式餐具搭配

（2）茶具。

茶具亦称茶器或茗器，是指饮茶用的器具，包括茶台、茶壶、茶杯和茶勺等。其主要材料是陶和瓷，代表性的茶具有江苏宜兴的紫砂茶具、江西景德镇的瓷器茶具等。

陶土茶具的代表是江苏宜兴制作的紫砂茶具（图 5-4）。宜兴的陶土含铁量大，黏力强而抗烧。用紫砂茶具泡茶，既不夺茶之香，又能长时间保持茶叶的色、香、味。宜兴紫砂壶始于北宋，兴盛于明、清，造型古朴，色泽典雅，光洁无暇，制作精美，贵如鼎彝，有"土与黄金争价"之说。紫砂壶的造型有仿古、光素货（无花无字）、花货（拟松、竹、梅的自然形象）和筋囊（几何图案）。艺人们以刀作笔，所创作的书、画和印融为一体，构成一种古朴清雅的风格（图 5-4）。

瓷器是中国文明的一面旗帜。我国的瓷器茶具产于陶器茶具之后，可分为白瓷茶具、青瓷茶具和黑瓷茶具（图 5-5）。瓷器之美，让品茶者享受到整个品茶活动的意境美。瓷器本身就是一种艺术，是火与泥相交融的艺术，这种艺术在品茶的意境之中给欣赏者品味的空间和心境。瓷器茶具中的青花瓷茶具，清新典雅，造型精巧，胎质细腻，釉色纯净，体现出了中国传统文化的精髓（图 5-6）。

（3）生活日用品。

生活日用品是指人们日常生活中使用的产品，如镜子、收纳盒、储物罐、托盘、果盘、水杯、伞架、沐浴用品、钟表等。其不仅具有实用功能，还可以为日常生活增添几分生机和情趣。生活日用品设计如图 5-7 ～图 5-10 所示。

图 5-4　陶土茶具设计

图 5-5　白瓷、青瓷、黑瓷茶具设计

图 5-6　青花瓷茶具设计

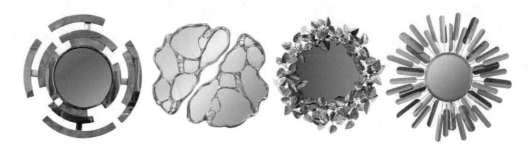

图 5-7　简欧铁艺镜子

图 5-8　收纳盒设计

图 5-9　储物罐设计

图 5-10　托盘、果盘设计

## 2. 装饰性陈设品

（1）装饰画。

装饰画是一种不强调很高的艺术性，但非常讲究与环境的协调性和美观性的特殊艺术作品。装饰画的起源可追溯到新石器时代彩陶上的装饰性纹样，如动物纹、人物纹、植物纹和几何纹，都是经过夸张变形、高度提炼的图形。更确切地说，装饰画起源于战国时期的帛画艺术，分为具象题材、意象题材、抽象题材和综合题材等。

装饰画根据材质可划分为以下几类。

① 油画：油画是装饰画中最具贵族气息的一种，纯手工制作，同时可根据消费者的需求临摹或创作，风格比较独特。现在市场上比较受欢迎的油画题材一般为风景、人物和静物。

② 动感画：以优美的图案，清凉的色彩，充满动感的效果赢得众多消费者的青睐。动感画也以风景为主，采用新技术能使画面中的高山流水产生不同的动感效果。

③ 木制画：以木头为原料，经过一定的程序胶黏而成。木制画品种很多，包括由碎木片拼贴而成的写意山水画，其层次感和色彩感比较强烈；木头雕刻作品，如人物、动物、非洲脸谱等；由未经雕琢的材料，如带树皮的木块、原色的麻绳等创作的作品。

④ 金箔画：以金箔、银箔、铜箔为基材，以不变形、不开裂的整板为底板。专业工艺美术画师根据设计样稿塑形、雕刻、漆艺着色做出效果，使画面形成一种名贵、典雅、豪华的气质，并产生强烈的视觉感染力。

⑤ 装置艺术装饰画：这类装饰画是装饰画中的"新贵"，是将装置艺术与装饰画相结合的一种设计，通过在画面上展示装置艺术的不同材料，使装饰画不仅仅局限于平面，可以布局在一个立体的空间之内，以达到立体的效果。

此外，还有摄影画、编织画、烙画等各种类型的装饰画，消费者可以根据自己的爱好、审美情趣进行选择，从而使居室更加赏心悦目。如图 5-11 ~ 图 5-13 所示为一些常见的装饰画系列。

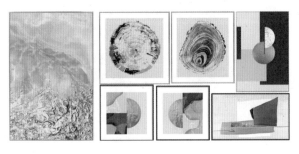

图 5-11 抽象画系列

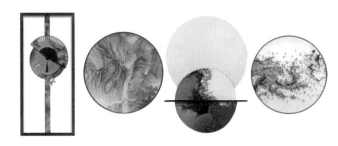

图 5-12 竹月色中式装饰画系列

图 5-13 装置艺术装饰画系列

（2）插花。

插花主要包括居家室内装饰插花和公共空间装饰插花，其作用是体现生活的艺术性和情趣。东方式传统插花和东方园林一样崇尚自然，讲究以物言志，以形传神。其构图布局高低错落，疏密有致，色彩朴素淡雅，寓意含蓄深远，主题突出，耐人寻味。同时，东方式传统插花讲究优美的线条和自然的姿态，不过分要求花材的种类和数量的多寡，以姿态神韵和天然雅趣取胜。而东方式现代插花在花材、容器的选用上更加丰富，构图自由多变，意境表现更时尚多样化。东方式插花艺术如图5-14和图5-15所示。

图 5-14　东方式插花艺术 1

西方式传统插花以对称的几何图形为主，形体大而端正，色彩鲜艳丰富，追求块面感，表现出热情奔放、雍容华贵、富丽堂皇的视觉效果。西方式现代插花以西方人对时尚的追求及美好生活的需要为基础，引入东方式插花不对称的构图形式，突破了规范几何图形构图形式，使作品显得更加活泼、流畅和优美。西方式插花艺术如图5-16所示。

图 5-15　东方式插花艺术 2

现代自由式插花是一种抽象、写意、非常个性化的插花形式。随着东、西方文化的不断交流，插花艺术也兼容了东西方插花的特点，在花器选择、构思造型的确定、花叶色彩的处理等方面更趋自由、多样。常用非植物材料（如金属、玻璃、塑料、棉织品等）进行陪衬和点缀，作品完全融入了个人性格、爱好和气质，给人耳目一新的感觉（图5-17）。除此之外，人们还常在家居空间中摆放一些小盆景进行装饰，如图5-18所示。

图 5-16　西方式插花艺术

（3）工艺品。

工艺品主要包括瓷器、竹编、草编、挂毯、木雕、石雕、盆景等。此外，还有民间工艺品，如泥人、面人、剪纸、刺绣、织锦等。陶瓷制品特别受人们喜爱，它集艺术性、观赏性和实用性于一体，在室内放置陶瓷制品，可以体现出优雅脱俗的品位。陶瓷制品可分为两类，一类为装饰性陶瓷，主要用于摆设，如大白菜手把件放在手上把玩，寓意手中有财，佩戴一件白菜饰品寓意一生有财，家中

图 5-17　现代自由式插花艺术

图 5-18　居家小盆景设计

有白菜摆件则表示全家有财；另一类为观赏性和实用性相结合的陶瓷，如陶瓷水壶、陶瓷碗、陶瓷杯等。青花瓷是中国的一种名瓷，其沉着质朴的靛蓝色体现出温厚、优雅、和谐的美感。除此之外，玻璃器具和金属器具晶莹剔透、绚丽闪烁，光泽性好，可以增加室内华丽的气氛，也是常用的室内陈设工艺品。如图 5-19 ～ 5-21 所示为室内软装饰设计常用的工艺品。

图 5-19　现代风格雕塑设计

图 5-20　新中式风格摆件设计

图 5-21　儿童房摆件设计

## 三、学习任务小结

　　通过本次课程的学习，同学们了解了室内陈设品的分类和设计搭配方式。通过对室内陈设品设计图片的分析与讲解，同学们开拓了设计的视野，提升了对室内陈设品设计的深层次理解和认识。课后，大家要多搜集相关的室内陈设品设计图片，形成资料库，为今后从事室内软装饰设计积累素材和经验，同时，可以搜集日常生活中的材料，动手制作一些具有创意的室内陈设品。

## 四、课后作业

　　（1）观察日常生活中有哪些常用的材料可以制作成陈设品，如麻绳、干树枝、木块、珠子、干花、麦秆、丝网花等，每位同学动手制作一件陈设品。

　　（2）搜集 100 幅室内陈设品图片，形成自己的资料库。

学习任务

二

# 室内陈设品搭配案例分析

## 教学目标

（1）专业能力：掌握室内陈设品的搭配技巧。

（2）社会能力：能根据室内空间的需求合理地选购和搭配室内陈设品。

（3）方法能力：具有设计创新能力、现场摆场布置能力。

## 学习目标

（1）知识目标：掌握室内陈设品的设计与搭配技巧。

（2）技能目标：能结合具体室内空间形态合理搭配室内陈设品。

（3）素质目标：能够大胆、清晰地表述自己的室内陈设品设计方案，具备认真、严谨的专业素质和设计能力。

## 教学建议

### 1. 教师活动

（1）教师应做到理论讲解与案例分析相结合，通过展示与分析优秀室内陈设品图片搭配案例，让学生直观地感受室内陈设品的设计和搭配方法，提升学生的摆场能力和搭配技能。

（2）遵循以教师为主导、以学生为主体的原则，采用理论与实践相结合的教学方式，调动学生参与设计实践的积极性，培养学生的动手能力。

### 2. 学生活动

（1）学生认真学习和实操，掌握室内陈设品的搭配技能，提高自己的实践能力。

（2）学生根据设计任务书，分析任务要求并搜集相关资料，为一套居住户型做配套软装饰设计方案。

# 一、学习问题导入

当你对自己的家产生了视觉乏味时，有什么方法可以改进呢？有些人喜欢每周给家里换不一样的插花，来变换每一天的心情；或者给家里添置一些新的摆件或挂画。这是最容易实现空间换样的做法，而且也会让空间耳目一新。如果从大面积换装的角度考虑的话，可以通过变换墙漆色彩，更换布艺颜色，添加室内陈设品等方法让整个空间焕发新的活力。从上面列举的方法来看，更换室内陈设品是快捷、有效的调整空间视觉感受的一种做法。那我们该如何对室内空间的一些陈设品进行更换呢？在搭配中又该注意哪些问题呢？

# 二、学习任务讲解

## 1. 室内陈设品的搭配原则

室内陈设品在搭配时要注意与室内整体空间设计风格相协调，同时，利用陈设品独有的造型、色彩和材质形成一定的对比效果，丰富空间的视觉层次，增添空间的情趣。另外，还可以利用室内陈设品体现文化品位，营造优雅的室内人文环境。

## 2. 室内陈设品的搭配方法

1）装饰画的布置

（1）装饰画的选择。

① 根据室内装饰风格选择：室内空间装饰画应根据室内装饰风格而定，欧式风格建议搭配西方古典油画作品；田园风格则可以搭配花卉题材的装饰画；中式风格适合选择中国风强烈的装饰画，如抽象水墨画、写意花鸟画、山水画等；现代风格室内空间装饰画选择范围比较灵活，抽象画、概念画，以及未来题材、科技题材的装饰画等都可以与之搭配；后现代风格特别适合搭配一些具有现代抽象元素和抽象题材的装饰画。

② 根据墙面面积选择：墙面面积的大小与装饰画大小比例相关。一般来说，狭长的墙面适合挂狭长的单幅画或者连续的多幅小画；方形墙面适合挂横幅画、方形的单幅画或规整、重复的多幅小画。

③ 根据整体色调选择：装饰画的主要作用是烘托空间气氛，其选择受到空间主体色调的影响。室内主色调一般可以分为白色、暖色调和冷色调。以白色为主的室内空间可以选择色彩丰富的装饰画；以暖色调和冷色调为主的室内空间可以选择互补色调的装饰画。

装饰画搭配设计如图 5-22 所示。

图 5-22 装饰画搭配设计

（2）装饰画的布置原则。

① 单幅装饰画的布置。单幅装饰画往往是墙面的视觉中心，要确保画面大小与墙面大小比例得当，上下左右要适当留白。单幅装饰画的尺寸一般不超过墙面空白面积的九分之一（图5-23）。

② 多幅装饰画的布置。使用多幅装饰画搭配时要考虑整体的装饰效果。无论是水平展开悬挂还是垂直展开悬挂，高度以及画面大小与墙面大小的比例要像单幅装饰画一样，唯一不同的是多幅装饰画在悬挂时要留出适当的距离。如果悬挂大小不一的多幅装饰画的话，既可以以视平线为中心交错悬挂，形成节奏感和韵律感，也可以齐高或齐底悬挂，形成秩序感（图5-24）。

③ 装饰画的悬挂高度。装饰画悬挂的高度直接影响欣赏的舒适度，也会影响装饰画在整个空间内的表现力。装饰画的悬挂高度可通过以下方法确定。一是以观赏者的身高为标准，画面中心在观赏者视线水平位置往上15厘米左右，这是最舒适的观赏高度。二是以墙面为参考，一般室内空间的层高为2.6～2.8米，根据装饰画的大小，画面中心距地面1.5米左右较为合适。

（3）装饰画的悬挂方式。

常见的装饰画悬挂方式如表5-1所示。

（4）居住空间装饰画的布置方法。

图 5-23　单幅装饰画的布置

图 5-24　多幅装饰画的布置

表 5-1　常见的装饰画悬挂方式

| 悬挂方式 | 示意图片 | 悬挂方式介绍 |
| --- | --- | --- |
| 对称式挂法 |  | 一般为2~4幅装饰画以横向或纵向的形式均匀对称分布，形成一种稳重、简洁的效果。画框的尺寸、形式、色彩通常是统一的，画面内容最好选固定套系。如果想自己单独选择画芯配在一起，就一定要放在一起对比是否协调 |
| 均衡式挂法 |  | 多幅装饰画的总宽比被装饰物略窄，并且均衡分布，建议画面选择同一色调或者同一系列的内容 |
| 重复式挂法 |  | 在重复悬挂同一尺寸的装饰画时，画间距最好不超过画框宽度的五分之一，这样更具有整体的装饰性。多幅画重复悬挂能制造强大的视觉冲击力，不适合层高不足的房间 |
| 水平线挂法 |  | 下水平线齐平的做法随意性较大，装饰画最好表达同一主题，并采用同一样式和颜色的画框，整体装饰效果会更好；上水平线齐平的悬挂方式既有灵动的装饰感，又不显得凌乱，如果装饰画的颜色反差较大，最好采用同一样式和颜色的画框进行协调 |
| 中线挂法 |  | 让上下两排装饰画集中在一条水平线上，灵动感很强，选择尺寸时，要注意整体墙面的左右平衡 |
| 混搭式挂法 |  | 将装饰画与饰品混搭构成一个方框，随意又不失整体感，这样的组合适用于墙面和周边比较简洁的环境，否则会显得杂乱，这种设计手法尤其适合乡村风格的家 |
| 建筑结构线挂法 |  | 沿着屋顶、墙壁、柜子，在空白处布满装饰画；也可以沿着楼梯的走向布置装饰画。这种装饰手法最初在欧洲盛行一时，适合层高较高的房子 |
| 放射式挂法 |  | 以一张最喜欢的画为中心，并在周围布置一些小画框作发散状。如果画面的色调一致，可在画框颜色的选择上有所变化 |
| 隔板衬托法 |  | 用隔板展示装饰画省去了计算位置、钉钉子的麻烦，可以在隔板的数量和排列上做变化。注意隔板的承重有限，更适宜展示多幅轻盈的小画。客厅的隔板上最好画框滑落或者遮挡条，以免画框滑落伤到人 |

① 玄关：作为进门第一印象，由于空间不大，不宜选择尺寸太大的装饰画，以精致小巧的无框装饰画为宜。可选择抽象画或静物、插花等题材的画，展现主人的品位。

② 客厅：客厅装饰画要与客厅空间色调保持一致，以明快、清爽的色调为主，让人感觉轻松、舒适。由于沙发通常是客厅的主角，在选择客厅装饰画时常以沙发为中心。中性色和浅色沙发适合搭配暖色调的装饰画，或者选择相同、相近色系的装饰画（图5-25）。

③ 餐厅：餐厅装饰画的色调应柔和、清新，画面干净、整洁，达到增强食欲的效果，可以选择宁静的风景画、雅致的静物画、具有禅意的花鸟画等。

④ 卧室：卧室是主人的私密空间，装饰上追求温馨浪漫和优雅舒适。除了婚纱照和艺术照以外，还可以选择人物油画、花卉画、抽象画或摄影作品。另外，卧室装饰画的选择因床的样式不同而有所不同。线条简洁、木纹清晰的板式床适合搭配带立体感和现代质感边框的装饰画。柔和的软床则可以搭配边框较细、质感较硬的装饰画，通过视觉反差来突出装饰效果。

2）照片墙的布置

在打造照片墙之前，应先根据不同的室内空间风格选择相应的相框、照片以及合适的组合方式。在传统的中式风格空间中，直接出现照片墙会显得比较突兀，必须将照片墙隐藏在中式的线条之中，并且量身打造相应的照片题材。欧式风格空间可选择香槟金相框，以规整的组合形式来凸显华丽古典的整体氛围。在美式乡村风格空间中，做旧的木质相框或铁艺相框可以更好地营造轻松、闲适的格调。田园风格或小清新风格的空间，可以选择原木色或者白色相框。前卫的现代风格空间，色彩上应该更加大胆，组合上更具个性，可以搭配黑色、白色、樱桃红色和胡桃木色等相框进行混搭。此外，照片墙的色彩搭配还要考虑相片本身的色彩。黑色和白色作为经典色较常使用。照片墙布置设计如图 5-26 所示。

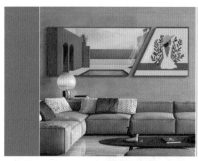

图 5-25　客厅装饰画搭配设计　　　　图 5-26　照片墙布置设计

3）花艺的布置

（1）花艺的作用。

① 塑造个性：将花艺的色彩、造型、摆设方式与家居空间及业主的气质品位相融合，可以使空间或优雅、或简约、或混搭，风格变化多样，更具个性，并能激发人们对美好生活的憧憬。

② 增添生机：花艺能够让人们在室内空间环境中，贴近自然，放松身心，享受宁静，舒缓心理压力，消除紧张的工作所带来的疲惫感。

③ 分隔空间：在装饰过程中，利用花艺的摆设来规划室内空间，具有很大的灵活性和可控性，可提高空间利用率。

（2）花艺的选择。

① 根据空间功能选择：不同空间摆放不同的花艺会产生不同的视觉感受，例如办公空间选择绿植花艺，可以减轻工作的疲劳感；酒吧、咖啡厅空间摆放绿植花艺可以营造空间的浪漫情调、增添空间的活力，如图 5-27 所示。

② 根据感官效果选择：花艺选择还需要充分考虑人的感官和需要，例如餐桌上花卉不宜使用气味过于浓烈

图 5-27　咖啡厅绿植花艺搭配设计

的鲜花或干花，否则很可能会影响用餐者的食欲。而会议室、书房等场所适合选择气味淡雅的花艺，让人感觉心情舒畅，也有助于放松精神，缓解疲劳。

③ 根据空间风格选择：中式风格空间更追求意境，喜好使用颜色淡雅的花艺，而欧式风格空间更强调色彩的装饰效果，喜好使用颜色丰富的花艺。

（3）花器的选择。

花器可根据室内空间环境来选择。只有花器与室内空间环境相吻合，才能营造出理想的氛围。例如接待大厅和客厅可以选择一些款式大方的花器，给空间带来热烈的气息；书房是办公、阅读和书写的场所，应选择款式典雅的花器，如陶质花器（图 5-28）。

图 5-28　花器搭配设计

4）工艺品的布置

（1）工艺品的作用。

① 渲染氛围：合适的工艺品可以烘托空间氛围，表现空间的品质和格调。

② 装饰美化空间：工艺品的造型和色彩可以让空间更具层次感和艺术美感。

（2）工艺品的选择。

① 选择工艺品的风格：工艺品要结合室内空间的整体风格来选择，例如在现代风格的室内空间中，可以选择具有现代设计感的抽象工艺品；在乡村风格的室内空间中，可以选择带有自然风情的工艺品，如图 5-29 和图 5-30 所示。

图 5-29　工艺品搭配设计 1

图 5-30　工艺品搭配设计 2

② 选择工艺品的规格：工艺品与室内空间的比例要恰当，工艺品尺寸太大，会使空间显得拥挤；尺寸过小，又会使空间显得空旷。

③ 选择工艺品的造型：工艺品的造型灵活多变，较为方正的室内空间可以选择曲线型的工艺品，增添空间活力；空间质感比较光亮的现代风格室内空间可以选择抽象的工艺品，形成形式上的呼应。

④ 选择工艺品的色彩：摆放位置周围的色彩是确定工艺品色彩的依据。选择工艺品的色彩常用的方法有两种。一种是配和谐色，即选择与摆放位置周围的色彩较为接近的颜色，如红色配粉色，黄绿色配深绿色，黄色配橙色等。另一种是配对比色，即选择与摆放位置周围的色彩对比强烈的颜色，比如黑色配白色，蓝色配黄色，红色配绿色等。

（3）工艺品的搭配方法。

① 对称平衡摆设：把工艺品按照左右对称的方式摆在一起，以制造出和谐的均衡感，给人宁静、温馨的感觉。

② 层次分明地摆设：摆放工艺品时可以大小搭配、高低错落，这样可以让工艺品的陈列形式更加活泼，让空间更具韵律感。

③ 不同角度摆设：摆设工艺品可以结合不同的空间角度进行观察和调整，找到最合适的摆放位置。

④ 利用灯光效果摆设：不同的灯光和照射方向，会让工艺品显示出不同的美感。一般暖色的灯光会有柔美、温馨的感觉，贝壳或者树脂类工艺品在暖色光的照射下会更加透亮，可以重点选择；如果是水晶或者玻璃的工艺品，最好选择冷色的灯光，这样看起来会更加冷艳。

⑤ 亮色单品点睛：整个空间的色调比较素雅或者比较深沉的时候，可以考虑用亮一点的颜色来点缀空间。例如灰色的空间可以选择一两件色彩比较艳丽的工艺品来活跃空间氛围，打破空间的单调感，如图 5-31 所示。

图 5-31　工艺品搭配设计 3

### 3. 室内陈设品的搭配案例赏析

（1）案例一：中式风格居住空间室内陈设品搭配。

本案例的陈设品搭配汲取了江南水乡的水墨色作为主色调，在空间中展现出别有风致的现代中式美学，处处透露着对东方清雅生活意境的美好追求。素雅的冷灰色背景显得平静而柔和，温暖的琥珀色、深邃的烟灰蓝与木色搭配相得益彰。隐约的水墨背景与两侧的金属屏风构成虚与实、疏与密的韵律美。茶几大理石的纹路演绎了一幅自然山水画，赋予空间绵绵不尽的诗意。卧室中色彩给人清幽、淡雅的感觉。沉静的灰蓝调和趋近自然的木色是空间的主色调，丝质与棉麻床品颇具质感，水墨背景造型、瓷器台灯、花卉等各类小品摆设其中，相映成趣，营造出一种高贵的空间气质（图 5-32）。

图 5-32　中式风格居住空间室内陈设品搭配

（2）案例二：新古典风格居住空间室内陈设品搭配。

　　本案例以酒红色作为点缀的主色，在白色背景的衬托下，显得绚丽、浪漫。客厅的设计既包含了新古典风格的文化底蕴，也体现了现代流行的时尚元素，是复古与新潮的完美融合。每一处细节的精雕细琢都散发出优雅与惬意的情调。沙发背景装饰画以空间重构为主题，引出无数的遐想。茶几上的植物也以开放的姿态迎接客人，与餐桌上的花艺相映成趣。卧室背景墙利用镜子反射周围意象，增添了空间活力，装饰画的搭配也更好地拓展了空间视觉感（图5-33）。

图 5-33　新古典风格居住空间室内陈设品搭配

（3）案例三：混搭风格居住空间室内陈设品搭配。

本案例的设计主题引自李商隐《锦瑟》中的诗句："庄生晓梦迷蝴蝶，望帝春心托杜鹃。"整体空间营造了一个生机勃勃、鸟语花香的生活场景。玄关以画框为造型，雕刻出极具中国特色的梅和蝴蝶，表现出一派生机盎然的景致。客厅背景墙采用巴西进口天然石材，自然的肌理与户外山湖景致相呼应，台面上哑光金属花器内敛、沉稳，与簇拥开放的菊花形成鲜明对比。室内运用多种传统工艺，如大漆画、刺绣、铜刻等，结合现代的设计手法创造出丰富的景观效果，营造出繁花似锦的都市人文居所，让心灵徜徉在繁华里，演绎一场生活方式的艺术之旅（图5-34）。

图5-34　混搭风格居住空间室内陈设品搭配

（4）案例四：港式风格茶餐厅室内陈设品搭配。

本案例是具有典型港式风格的茶餐厅设计。餐厅内的卡座采用具有东南亚风格的实木靠背椅和墨绿色餐桌，地面铺贴小尺寸方形刻花地砖，隔断和吊灯灯罩选用彩色玻璃，再搭配上复古的海报、马头，让整个空间表现出港式的浪漫和温馨。东西文化的交融，营造出简约、朴实的空间氛围（图5-35）。

（5）案例五：新中式风格会所室内陈设品搭配。

本案例是新中式风格会所的设计。中式传统设计元素通过现代装

图5-35　港式风格茶餐厅室内陈设品搭配

饰手法来诠释，表现出古典、幽静、内敛的空间气质。水墨色的背景搭配中式的木雕、根雕、盆景、文房四宝、月洞门等元素，创造出轻盈、悠闲、自然的意境和宁静、雅致、舒适、飘逸的空间氛围（图5-36）。

图 5-36　新中式风格会所室内陈设品搭配

## 三、学习任务小结

通过本次课程的学习，同学们了解了室内陈设品的搭配方法和技巧。通过对室内陈设品案例的分析与讲解，同学们提升了对室内陈设品设计的深层次认识。课后，大家要多学习一些优秀的室内陈设设计与搭配案例，对空间陈设品设计进行思考，掌握其中的规律和技巧。

## 四、课后作业

由教师提供任务书，选择几个特定的空间，尝试使用装饰画和摆件进行空间陈设品搭配方案设计。每个空间不少于 3 个搭配方案，作业可参考图 5-37 的思路: 色彩定位→材质选取→元素提炼→结合硬装风格选择配饰。

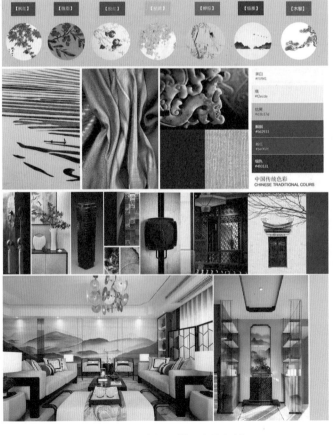

图 5-37　陈设品搭配方案设计

# 项目六

# 居住空间室内软装饰设计训练

学习任务

一

# 居住空间室内软装饰设计要点

## 教学目标

（1）专业能力：掌握居住空间室内软装饰设计与搭配技巧，能根据室内风格及空间功能选择合适的软装饰产品。

（2）社会能力：关注居住空间室内软装饰设计行业的发展趋势，搜集不同风格的居住空间室内软装饰设计图片和案例。

（3）方法能力：具备资料搜集能力，居住空间室内软装饰设计案例分析和应用能力。

## 学习目标

（1）知识目标：了解和掌握居住空间室内软装饰设计的要点和原则。

（2）技能目标：能根据不同风格的居住空间搭配软装饰产品。

（3）素质目标：能够大胆、清晰地表述居住空间室内软装饰设计方案，具备认真、严谨的专业素质和设计能力。

## 教学建议

### 1. 教师活动

（1）教师讲解居住空间室内软装饰设计的要点和原则。

（2）教师通过展示和分析前期搜集的各类型居住空间室内软装饰设计案例，提高学生对居住空间室内软装饰设计与搭配的直观认识。同时，运用多媒体课件、教学视频等多种教学手段，讲授居住空间室内软装饰设计的学习要点，指导学生进行居住空间室内软装饰设计与搭配练习。

### 2. 学生活动

（1）学生仔细聆听教师的专业讲解，认真完成课堂实训，提高创新思维能力。

（2）构建有效促进学生自主学习、自我管理的教学模式和评价模式，突出学以致用、以学生为中心的教学模式。

# 一、学习问题导入

居住空间是人们居家住宿的空间，与人们的生活紧密相连。目前，居住空间设计越来越强调"重装饰，轻装修"。软装饰设计与搭配不仅代表着人们生活态度的转变，而且代表着人们心之所向。居住空间室内软装饰设计便可以反映出人们的性情、品位和文化内涵。

# 二、学习任务讲解

## 1. 居住空间室内软装饰设计的要点

居住空间室内软装饰设计与搭配体现主人的性格和审美倾向。性格外向的人喜欢采用欢快、活泼的颜色，浪漫、温馨的印花，明亮、光洁的材料。性格文静、内敛的人喜欢选用温馨、雅致的颜色，雅致的提花图案和柔和、细腻的材料，如图 6-1 所示。

居住空间室内软装饰设计可以体现出季节的变化与空间的情调，既能调节感官上的温度，又能调整人的情绪，营造空间氛围（图 6-2 ~ 图 6-5）。在硬装无法改变的情况下，可以通过改变软装来调整室内空间氛围。以窗帘为例，春天可以选用色彩明亮的浅色窗帘，这种窗帘透明度较高，能使阳光透射进来，让室内显得春光明媚；夏天可以选用绿色、蓝色等冷色调窗帘，让空间显得凉爽、清澈，起到降温的作用；秋天和冬天可以选用橙色、橘红色等暖色调窗帘，营造温暖、温馨的氛围。

图 6-1 雅致的色彩和柔和的面料显示出业主的性格

图 6-2 春天选用淡黄和嫩绿的配色

图 6-3　夏天选用绿色与红色的配色

图 6-4　秋天选用冰蓝和沙橘的配色

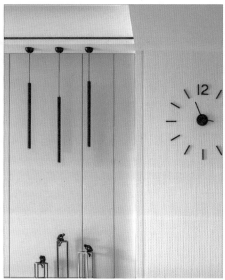

图 6-5　黑白灰的搭配像雨夜中的温柔绅士沉默而冷峻

## 2. 居住空间室内软装饰搭配原则

居住空间室内软装饰搭配受空间面积、建筑结构、采光等诸多因素的影响，需要结合具体情况，灵活安排和合理搭配。为使居住空间实用美观、协调统一，室内软装饰搭配应注意以下几点原则。

（1）舒适实用，简洁大方。

室内软装饰搭配的根本目的是提升居住品质。居住空间是家人长期生活的场所，其软装饰设计与搭配要顾及审美疲劳，色彩不能太艳丽，以柔和为主。质感也不能太粗犷，适宜采用柔软、细腻的材料，营造舒适感。软装饰陈设品的数量也不能太多、太杂，要围绕室内的风格和主题进行布置，以免造成琐碎的感觉（图 6-6）。

（2）布局统一，基调协调一致。

室内软装饰搭配的布局要统一，要结合空间的客观条件和个人的主观因素（如性格、爱好、志趣、职业、习性等）进行设计，既要表现出空间的整体协调性，又要展现个性化，要从软装饰陈设的造型、色彩、材质等多个角度进行综合设计和搭配（图 6-7）。

图 6-6　简洁大方的居住空间室内软装饰搭配

图6-7　布局统一、基调协调一致的居住空间室内软装饰搭配

（3）疏密有致，装饰效果适当。

居住空间室内软装饰搭配要疏密有致，体现出空间的主次关系和层次感。平面布局应格局均衡、疏密相间；在立面布置上要有对比，有呼应，相互衬托。居住空间室内软装饰搭配效果应以朴素、大方、舒适、美观为宜，不必追求奢华感（图6-8）。

图6-8　疏密有致的居住空间室内软装饰搭配

## 三、学习任务小结

通过本次课程的学习，同学们已经初步掌握了居住空间室内软装饰设计的要点，并了解了居住空间室内软装饰产品的选择与搭配技巧。通过大量居住空间室内软装饰设计搭配案例的分析与鉴赏，同学们提升了对居住空间室内软装饰设计的直观认识。课后，大家要多搜集居住空间室内软装饰设计与搭配案例，积累设计经验，提高对居住空间室内软装饰设计的深度认知。

## 四、课后作业

以小组为单位，到房地产样板房现场体验其装饰效果，并搜集4种不同风格的居住空间室内软装饰设计方案。

学习任务 二

# 居住空间室内软装饰设计案例分析

## 教学目标

（1）专业能力：能够认识和理解室内软装饰的搭配方式和技巧。

（2）社会能力：能结合居住空间的要求进行软装饰设计与搭配。

（3）方法能力：具备美学鉴赏能力、设计创新能力、资料整理和归纳能力。

## 学习目标

（1）知识目标：掌握室内软装饰搭配方式与技巧。

（2）技能目标：具备室内软装饰设计与搭配能力。

（3）素质目标：能通过鉴赏优秀的室内软装饰设计方案提高自身的设计能力。

## 教学建议

### 1. 教师活动

（1）教师展示与分析优秀室内软装饰设计方案，让学生了解室内软装饰设计与搭配的方法和技巧。

（2）教师指导学生进行室内软装饰设计实操练习。

### 2. 学生活动

（1）强化对室内软装饰设计的感性认知，学会欣赏优秀的室内软装饰设计方案，并积极大胆地表达出来。

（2）提升室内软装饰设计的创新能力和实践能力。

## 一、学习问题导入

本次课程我们将通过分析与讲解居住空间室内软装饰设计案例，让大家了解室内软装饰设计与搭配的方法和技巧。"它山之石，可以攻玉。"学习和借鉴优秀的居住空间室内软装饰设计案例，可以让我们快速学习到设计方法，并通过归纳与总结形成自己的设计理念。

图 6-9　现代风格室内软装饰设计

## 二、学习任务讲解

### 1. 案例一：现代风格居住空间室内软装饰设计

本案例采用现代主义设计风格，造型以几何形为主，直线与曲线有机地组合在一起，让空间显得轻柔、优雅。宁静的灰色系搭配柔情的粉色系，让空间显得既温馨又浪漫，表现出舒适、休闲的空间品质。室内软装饰陈设的造型、色彩和材质与室内整体空间协调一致，让空间的整体感得到彰显，同时，异形的灯具和炫彩的地毯也增添了空间的活力（图 6-9）。

### 2. 案例二：法式风格居住空间室内软装饰设计

本案例以法式风格为主要设计风格，营造出一个浪漫宫殿。本案例的设计灵感来源于法国凡尔赛宫。法式风格是一种爱与温馨交织、浪漫与激情交融的设计风格。黄铜鎏金的吊灯，红、白绸面的印花沙发，繁复的金色雕花，让整个客厅显得雍容华贵（图 6-10）。白色天然大理石地面，搭配蓝色绒布的波纹窗帘，让餐厅空间表现出奢华和浪漫的气质（图 6-11）。主卧室延续了客厅的配色，金色床架和猩红色的丝绒靠背搭配白色的床品，让卧室空间显得华丽而精致（图 6-12）。

图 6-10　法式风格客厅软装饰设计

图 6-11　法式风格餐厅软装饰设计

图 6-12　法式风格主卧室软装饰设计

### 3.案例三：新中式风格居住空间室内软装饰设计

本案例采用新中式软装饰设计风格，以青花瓷作为设计的主题，以青花蓝色和白色为主色调，营造出极具中国文化品位和儒雅气质的空间环境。客厅对称布置的白色中式格栅体现了中国传统的中庸思想，沙发背景墙的青花图案与沙发靠垫、鼓形青花瓷坐凳等青花图案相映成趣，相互呼应。整体空间形象给人以清澈、儒雅、内敛的印象（图6-13）。

图6-13 新中式风格居住空间室内软装饰设计

### 4.案例四：混搭风格居住空间室内软装饰设计

本案例采用混搭的软装饰设计风格，即将各种不同风格的软装饰陈设混合搭配在一起的风格。混搭风格是一种极具包容性的风格，这种风格能打破设计常规，创造出新颖、独特的空间环境。在混搭风格中，软装饰陈设的多样化选择与个性化搭配，显示出居住空间的主人对不同文化的包容与理解。本案例中硬装造型采用欧式风格，并搭配中式风格和自然风格的陈设品和装饰画，让空间的形式感更加丰富（图6-14、图6-15）。

图 6-14　混搭风格客厅软装饰设计

图 6-15　混搭风格卧室软装饰设计

## 三、学习任务小结

通过本次课程的学习，同学们初步了解了居住空间室内软装饰设计与搭配技巧，掌握了根据不同风格的居住空间设计要求选择合适的软装饰陈设的方法。课后，同学们要搜集更多优秀的室内软装饰设计搭配案例，积累设计素材和设计经验。

## 四、课后作业

搜集 5 套居住空间室内软装饰设计案例，形成自己的素材库。

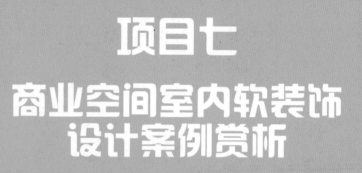

# 项目七

## 商业空间室内软装饰
## 设计案例赏析

## 教学目标

（1）专业能力：开拓学生的专业视野，激发学生的专业兴趣，提高学生对商业空间室内软装饰设计作品的分析和鉴赏能力。

（2）社会能力：培养学生认真、细致、严谨的精神品质，提升学生的沟通交流能力和团队合作能力。

（3）方法能力：培养和提高学生自我学习能力、独立思考的能力、沟通与表达能力。

## 学习目标

（1）知识目标：了解商业空间室内软装饰设计的提案技巧。

（2）技能目标：掌握商业空间室内软装饰设计的搭配技巧。

（3）素质目标：培养严谨、细致的设计品质，提高个人审美能力、作品鉴赏能力和作品创新能力。

## 教学建议

### 1. 教师活动

搜集优秀的商业空间室内软装饰设计案例，运用多媒体课件、教学视频等多种教学手段引导学生解读和分析案例。

### 2. 学生活动

（1）鉴赏作品，加强对商业空间室内软装饰设计作品的感知，学会欣赏并大胆表达。

（2）热爱生活，仔细观察，酝酿激情，加强实践，学以致用。

# 一、学习问题导入

在商业空间中，软装饰的设计与搭配起着至关重要的作用，其对空间主题的突显、空间氛围的营造、空间风格的强化和空间品质的打造来说都必不可少。下面通过对优秀商业空间室内软装饰设计案例的鉴赏与分析进行系统讲解。

# 二、学习任务讲解

### 1. 案例一：175m² 大户型商业样板间软装饰设计

（1）案例基本情况。

① 面积：175m²。

② 户型：四室两厅。

③ 风格：现代轻奢风。

（2）案例分析。

本套商业样板间的软装饰设计首先设置了一个鲜明的主题，即以时尚的英伦风格为内核，运用现代设计手法，结合精湛的工艺、充满艺术气息的陈设、光亮的材质，打造精美、华丽的商业样板间。在明确主题之后，本案例从假想的未来业主的角度进行分析，将男主人设定为个性内敛、沉稳的白领精英，女主人设定为知性、优雅的时尚女性，并以此进行室内各功能空间的布局和软装饰设计。该案例的色彩以温馨、舒适的暖灰色为基调，营造出雅致、浪漫、悠闲的空间氛围。

在具体空间的软装饰搭配上，客厅和餐厅等公共活动空间选用舒适的布艺家具，既可以柔化空间质感，又可以形成舒适、休闲的触感体验。同时，布艺家具都用玫瑰金不锈钢进行了包边处理，表现出坚实、硬朗的质感效果，与柔软的布艺形成质感对比，丰富了空间的肌理。装饰感强烈的现代灯饰让空间的区域感更强，也极大地美化了空间的视觉效果。茶几和餐桌上的陈设品为空间增添了几分情趣，也让空间更加人性化、生活化。卧室在布艺的搭配上形成了统一、协调的感觉，色彩上以暖灰色为主色调，背景的硬包靠背、床单、窗帘、枕头、地毯都统一了色系，只是在明度上有所变化，营造出宁静、优雅的空间氛围。

本案例的另外一个亮点是收纳空间的设计与安排，从玄关收纳、橱柜收纳、衣柜收纳、镜柜收纳、阳台收纳和储物收纳6个方面介绍了具体的收纳设计方案，大大提升了空间的利用率，更具实用性。

本案例的具体设计如图 7-1 ~ 图 7-32 所示。

HARMONYWORLD
CONSULTANT & DESIGN

**重庆首创·嘉陵项目三期·平层F户型样板间设计深化方案**

SHOUCHUANG CHONGQING F SAMPLE HOUSE INTERIOR CONCEPT DESIGN

图 7-1 提案封面

室内软装饰设计

图 7-2　项目概况

图 7-3　彩色平面图

图 7-4　假想业主分析

**英伦定制风格**

私人定制是LONDON Lifestyle 的奢华细节最极致的体现，一百多年来英国皇室及贵族绅士一直深爱 Savile row street Bespok 高需奢永的服务，被各界社会名流推崇。从尺寸、面料、颜色、酒扣到专属签名，手工专属定制是英国人追求的最极致奢华理念。我们希望以英伦定制的方式来演绎"东方故事"。

图 7-5　主题风格分析 1

**时尚伦敦：伦敦遇上重庆**

中国的传统文化源远流长，而重庆作为直辖市、世界温泉之都，它依山建筑是"山城"，它云轻雾重是"雾都"，它夏长湿热是"火炉"，长江于流自西向东横贯全城，大街小巷遍及全城都是茶馆。

与此相对的，在伦敦：作为英国的首都，曾经的"雾都"，这里有高贵的古建筑、有让人尖叫的音乐；这里有神奇的哈利波特、霜尔摩斯和陪德，引艺术和创意都很美妙的BB；有闻名于世的下午茶、泰晤士河。

图 7-6　主题风格分析 2

**设计主题风格**

两座城市都是依水而建，故本案以伦敦为内核，融合水元素，用西方的精湛工艺作为基准，通过墙面的细节体现，家具的摆放设工，充满艺术气息的材质，采用现代的设计手法，渗适与融合伦敦和重庆的现代文化，构造出一个精美华丽的视觉盛宴

图 7-7　主题风格分析 3

图 7-8　设计理念分析

图 7-9　客厅效果图

图 7-10　客厅软装饰设计分析 1

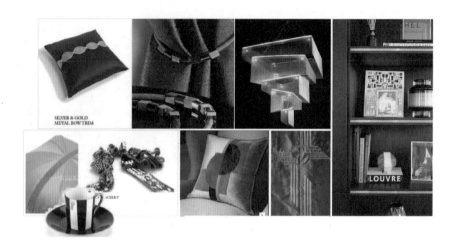

图 7-11　客厅软装饰设计分析 2

图 7-12　餐厅效果图

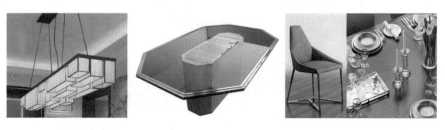

图 7-13　餐厅软装饰设计分析 1

室内软装饰设计

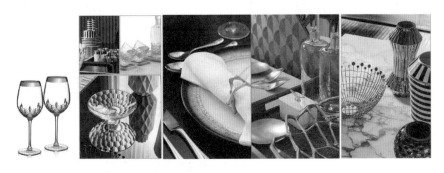

图 7-14　餐厅软装饰设计分析 2

图 7-15　主卧室效果图

图 7-16　主卧室软装饰设计分析 1

图 7-17　主卧室软装饰设计分析 2

图 7-18　主卧室软装饰设计分析 3

图 7-19　儿童卧室效果图

图 7-20　儿童卧室软装饰设计分析 1

图 7-21　儿童卧室软装饰设计分析 2

图 7-22　书房效果图

项目
七

商业空间室内软装饰
设计案例赏析

127

图 7-23　书房软装饰设计分析

图 7-24　卫生间效果图

图 7-25　卫生间软装饰设计分析

室内软装饰设计

128

# 收纳系统

Fine decoration personalization

玄关收纳　橱柜收纳　衣柜收纳

卫生间收纳　阳台收纳　储物收纳

HWCD Design(SH) LTD.

图 7-26　收纳系统设计

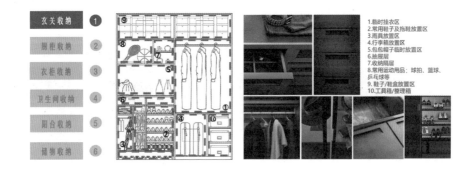

玄关收纳 ①
厨柜收纳 ②
衣柜收纳 ③
卫生间收纳 ④
阳台收纳 ⑤
储物收纳 ⑥

1.临时挂衣区
2.常用鞋子及拖鞋放置区
3.雨具放置区
4.行李箱放置区
5.包包帽子临时放置区
6.抽屉层
7.收纳隔层
8.常用运动用品：球拍、篮球、乒乓球等
9.鞋子/鞋盒放置区
10.工具箱/整理箱

HWCD Design(SH) LTD.

图 7-27　收纳系统设计分析 1

玄关收纳 ①
厨柜收纳 ②
衣柜收纳 ③
卫生间收纳 ④
阳台收纳 ⑤
储物收纳 ⑥

吊柜：干货、豆类、面类，不常用的碗、锅具、盘子；吊柜下格放置备用调料等
灶台墙面：刀铲挂钩；常用调料台；常用刀具等
灶台下柜：调味拉篮、切菜板等
灶台下抽屉：一层刀叉筷、保鲜膜；二层常用碗盘；三层常用锅具
转角地柜：高压锅、水壶、电饭煲
水槽下柜：抹布、洗涤剂、汤罐

HWCD Design(SH) LTD.

图 7-28　收纳系统设计分析 2

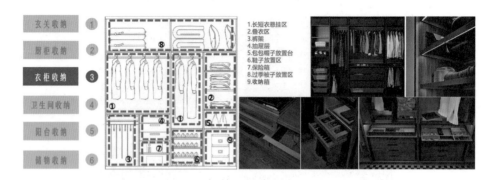

HWCD Design(SH) LTD.

图 7-29　收纳系统设计分析 3

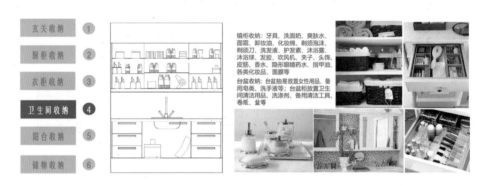

HWCD Design(SH) LTD.

图 7-30　收纳系统设计分析 4

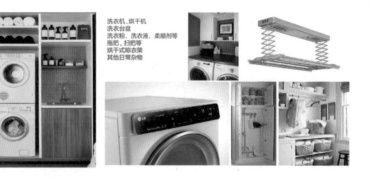

HWCD Design(SH) LTD.

图 7-31　收纳系统设计分析 5

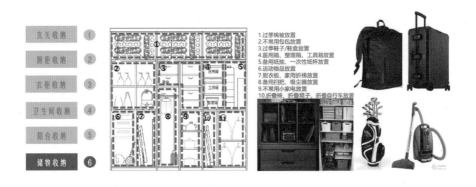

图 7-32　收纳系统设计分析 6

## 2. 案例二：1500m² 商业会所软装饰设计

（1）案例基本情况。

① 面积：1500m²。

② 类型：商业会所。

③ 风格：简约欧式。

（2）案例分析。

本套商业会所的软装饰设计以简约欧式风格为主，结合自然元素的仿生设计原理，将会所空间的造型、色彩、陈设、材质有机地结合起来，打造出具有独特艺术氛围和动感的空间形态。本会所的功能定性为健身休闲会所，在工艺品和挂画的选择上倾向于具有动感的元素，而在沙发和家具的选择上则倾向于端庄、稳重的简欧式家具，让静态元素与动态元素形成对比，使空间的视觉效果更加丰富。本案例的色彩以温馨、柔和、雅致的暖灰色为基调，通过一定的深浅变化，丰富色彩的层次感，形成"大协调、小对比"的效果。

本案例的具体设计如图 7-33 ～图 7-48 所示。

图 7-33　提案封面

图 7-34　设计元素分析 1

会所空间软装陈设元素
——Soft outfit club space display elements

空间的装饰元素源于大自然的色彩空间艺术形态。

图 7-35　设计元素分析 2

会所首层大堂平面布置图
——The first floor lobby layout

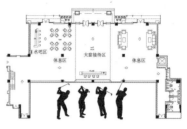

**软装陈设设计元素**

空间体态符号的出现无疑为空间赋予了设计元素的共性,此会所以运动健身为主,在家私、布艺、饰品等形态的选择上都会衍生运动的符号元素特征,使空间具有独特的艺术氛围,直至贯穿整个立面的体量构图。

图 7-36　设计元素分析 3

会所首层大堂软装陈设设计
——The first floor lobby soft outfit display design

图 7-37　大堂软装饰设计分析 1

会所首层大堂软装陈设设计
——The first floor lobby soft outfit display design

图 7-38　大堂软装饰设计分析 2

会所首层棋牌大厅贵宾室软装陈设设计
——Soft outfit club first chess hall furnishings design

图 7-39　贵宾室软装饰设计分析 1

会所首层棋牌大厅贵宾室软装陈设设计
——Soft outfit club first chess hall furnishings design

图 7-40　贵宾室软装饰设计分析 2

会所首层棋牌大厅软装陈设设计
—Soft outfit club first chess hall furnishings design

会所首层棋牌大厅软装陈设设计
—Soft outfit club first chess hall furnishings design

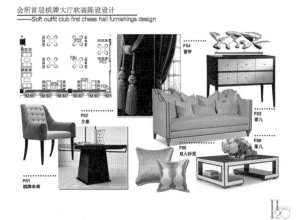

图 7-41　棋牌大厅软装饰设计分析 1

图 7-42　棋牌大厅软装饰设计分析 2

会所首层棋牌包厢软装陈设设计
—Club first chess rooms soft furnishings design

会所首层棋牌包厢软装陈设设计
—Club first chess rooms soft furnishings design

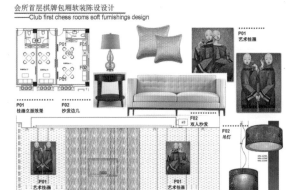

图 7-43　棋牌包厢软装饰设计分析 1

图 7-44　棋牌包厢软装饰设计分析 2

会所首层台球休息区软装陈设设计
—Club first billiards rest area soft furnishings design

会所游泳馆修脚房软装陈设设计
—Club swimming pool pedicure room soft furnishings design

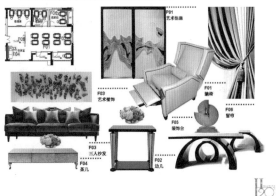

图 7-45　台球休息区软装饰设计分析

图 7-46　游泳馆修脚房软装饰设计分析

会所二层茶室包房软装陈设设计
——Club floor tea room rooms soft furnishings design

图 7-47　茶室包房软装饰设计分析

会所二层屋顶花园软装陈设设计
——Club on the second floor roof garden soft furnishings design

图 7-48　屋顶花园软装饰设计分析

## 三、学习任务小结

通过赏析商业空间室内软装饰设计案例，同学们了解了商业空间室内软装饰设计的流程和提案制作方式，开拓了设计的视野。课后，大家要多搜集相关的设计案例，形成资料库，为今后从事商业空间室内软装饰设计积累素材和经验。

## 四、课后作业

（1）每位同学通过网络搜集 3 个优秀的商业空间室内软装饰设计案例。

（2）以组为单位对优秀的商业空间室内软装饰设计案例进行整理与汇总，并制作成 PPT 进行展示。

# 参考文献

[1] 贡布里希 . 艺术发展史 [M]. 范景中，林夕，译 . 天津：天津人民美术出版社，1991.

[2] 王受之 . 世界现代设计史 [M]. 广州：新世纪出版社，1995.

[3] 严建中 . 软装设计教程 [M]. 南京：江苏人民出版社，2015.

[4] 李亮 . 软装陈设设计 [M]. 南京：江苏科学技术出版社，2018.

[5] 刘斌 . 室内软装设计与项目管理 [M]. 北京：中国青年出版社，2019.

[6] 霍维国，霍光 . 室内设计原理 [M]. 海口：海南出版社，2016.

[7] 童慧明 . 100 年 100 位家具设计师 [M]. 广州：岭南美术出版社，2016.

[8] 李江军 . 室内装饰设计与软装速查 [M]. 北京：中国电力出版社，2018.

[9] 薛野 . 室内软装饰设计 [M]. 北京：机械工业出版社，2016.

[10] 潘吾华 . 室内陈设艺术设计 [M]. 北京：中国建筑工业出版社，2016.

[11] 理想 • 宅 . 室内设计风格定位速查 [M]. 北京：中国建筑工业出版社，2016.

[12] 徐士福，姜姣兰 . 室内软装饰设计 [M]. 南京：南京大学出版社，2020.